世界一やさしい 電卓 の 教科書1年生

税理士 脇田弥輝

ご利用前に必ずお読みください

本書に掲載した情報に基づいた結果に関しましては、著者および株式会社ソーテック社はいかなる場合においても責任は負わないものとします。
また、本書は2019年11月現在の情報をもとに作成しています。掲載されている情報につきましては、ご利用時には変更されている場合もありますので、あらかじめご了承ください。
以上の注意事項をご承諾いただいたうえで、本書をご利用願います。

※ 本文中で紹介している会社名、製品名は各メーカーが権利を有する商標登録または商標です。なお、本書では、Ⓒ、Ⓡ、TMマークは割愛しています。

Cover Design & Illustration...Yutaka Uetake
Illustration...Wako Sato

はじめに

電卓の機能を知ると知らないとでは雲泥の差

　この本を手にしているあなたは、きっとこれから、電卓を使う試験（簿記検定、税理士試験、公認会計士試験など）に挑戦されるのでしょう。または仕事で電卓を使う機会が多いので、便利な電卓機能を知りたいと思っているのかもしれません。思い返せば今から約15年前、私が税理士試験の簿記論の勉強をはじめるにあたり電卓を手に入れたときは、四則演算（ ＋ － × ÷ ）以外の機能は知りませんでした。それまで使用していた電卓にも M+ や M- GT などのボタンはありましたが、その機能をまったく使ったことがありませんでした。

　もちろんどんな機能なのか知ろうとも思っていなかったので、はじめて知ったときには「電卓ひとつでこんなことができるんだ！」と驚き、そしてワクワクと楽しい気持ちになったのを覚えています。それはさながら、ちょっとしたExcelの計算機能のようなものだと思いました。

　これを知っているのと知らないのとでは簿記の問題を解く速さ、正確さに雲泥の差が出ます。知らないと不利ですし、合格には欠かせない機能です。また試験のためだけでなく、仕事で電卓を使う場合にもかなり便利です。

● 本書の特徴

1時限目	電卓の基本的なことについて学ぶ
2時限目	電卓の各ボタンの機能について学ぶ
3時限目	正確に速くタイピングするための練習をする
4時限目	実際に簿記の問題を解く

　本書では、電卓の初歩からはじまり徐々に難しい機能の説明となっているので、無理なく電卓機能を学べるようになっています。

　4時限目では、それぞれの「問題」と「解答」の間に「電卓操作」の説明を入れ、「この問題ではこの電卓機能を使うと便利」というのを、具体的にわかりやすく例にしてあります。実際に電卓を用意して、問題を解きながらその機能を習得していくことができるしくみになっています。

　本書を通して、電卓操作能力のアップと簿記知識をマスターし、試験の早期合格を目指しましょう！

脇　田　弥　輝

目 次

1 時限目

電卓の基本
選び方や機能を知ろう！

01 試験で使っていい「電卓」「筆記用具」……… 16
- ❶ 試験で「使っていい電卓」
- ❷ 試験で「使っていい筆記用具」

02 電卓の「選び方」……… 18
- ❶ 「12桁（1,000億円単位）」のものを選ぶ
- ❷ 値段的には「3,000円以上」のものを選ぶ
- ❸ 「メモリー機能」と「GT機能」があるものを選ぶ
- ❹ できれば「同じものを2つ」用意しよう
- ❺ メーカーは「カシオ」か「シャープ」を選ぶ

03 「電卓力」チェック……21
❶ あなたの電卓力をチェックしてみましょう！

04 各部の「名称」と「機能」……22
❶ カシオ
❷ シャープ
❸ カシオとシャープの主な違い
❹ 小数点について
COLUMN 電卓は利き手でたたくか反対の手でたたくか？……28

目次

2 時限目

こんなに便利

操作方法を覚えよう！

01 電卓を使う前に 30
❶ 最初に、スイッチを F にあわせる

02 電卓の電源を入れる 31
❶ AC または C で電源を入れる

03 四則計算キーとイコールキー、小数点キー 34
❶ 四則計算キーの最後にイコール = キー
❷ 累乗計算 イコール = キーを続けて押す
❸ 小数点 ・ キー

04 直前に入力した数字の訂正 39
❶ C （カシオ）、CE （シャープ）と、
AC （カシオ）、CA （シャープ）

7

05 数字の一部訂正 41

❶ ▶ （カシオ）、→ （シャープ）で最後の数字を
訂正する

❷ ▶ （カシオ）、→ （シャープ）で小数点以下を消す

06 数字のプラス・マイナスを逆転させる 43

❶ サインチェンジ +/− キーで、プラス・マイナスを
逆転させる

07 割合を計算 45

❶ パーセント ％ キーで、割合・割増・割引を計算する

08 M+ M− 独立メモリーの操作 47

❶ M+ M− で数字を記憶しておく

09 GT メモリーの操作 50

❶ それまでの計算結果を合計する

10 √ ルートキーの操作 51

❶ 平方根を計算する

目次

⑪ 定数計算の操作 ·· 52

❶ 同じ数字を何度も使って計算する

❷ 定数加算

❸ 定数減算

❹ 定数乗算

❺ 定数除算

COLUMN　レストランの会計、全員分でいくら？ ··························· 62

---

3 時限目

早く打てるようになる

タイピングの練習をしよう！

01　スピードアップ術❶
指の位置を決めて打つ ································· 64

❶ ホームポジションを覚える

02　スピードアップ術❷
人差し指・中指・薬指を使った足し算 ············· 67

❶ ＋ キーを打つ指を覚える

9

03 スピードアップ術❸
ゼロが入った足し算 70
❶ 0 キーを打つ指を覚える

04 引き算を交えた計算 74
❶ − キーを打つ指を覚える

05 ブラインドタッチを身につける 76
❶ 操作する手は決めたら変えないこと
❷ ブラインドタッチに挑戦！

COLUMN　スマホの電卓だと×、÷が優先される 80

4 時限目

簿記検定合格

電卓を使って問題を解いてみよう！

01 「現金・預金」... 82

❶「現金過不足」による「決算整理仕訳」をマスターする

❷「小口現金出納帳」による
「支払時」および「補充時」をマスターする

02 「商品売買取引」❶ 87

❶「仕入帳」の「記入」と「月末の締め」をマスターする

03 「商品売買取引」❷ 91

❶「商品有高帳（移動平均法）」の計算をマスターする

04 「商品売買取引」❸ 96

❶「売上原価」と「期末商品棚卸高」の計算をマスターする

05 「商品売買取引」❹ 99

❶「消費税」と「決算整理仕訳」をマスターする

06 「商品売買取引」❺ 101

❶「期末商品の評価」「商品棚卸高」を求める

07 「有価証券」 103

❶「有価証券」の「売買」時の仕訳をマスターする

❷「有価証券」の「期末評価」をマスターする

08 「有形固定資産」❶ 108

❶「減価償却費」の計算 定額法

09 「有形固定資産」❷ 110

❶「減価償却費」の計算 定率法❶

❷「減価償却費」の計算 定率法❷

10 「固定資産」の「売却」 114

❶「固定資産」の「売買」時の仕訳をマスターする

11 「固定資産」の「下取り買い換え」 116

❶「固定資産」の「下取り」と「買い替え」時の仕訳を
マスターする

目次

12「リース取引」..119

❶「リース取引」をマスターする

13「外貨建取引」..121

❶「外貨建債権・債務」をマスターする
❷「為替予約」時の仕訳をマスターする

14「決算整理」❶..125

❶「貸倒引当金」の「繰入」時の仕訳をマスターする

15「決算整理」❷..128

❶「前払費用」の仕訳をマスターする

16「決算整理」❸..131

❶「前受収益」の仕訳をマスターする

17「本支店会計」「内部利益」......................................134

❶「内部利益」と「内部利益控除後の原価」の計算を
マスターする

⑱「製造間接費」❶ 136

❶ 材料費会計

⑲「製造間接費」❷ 139

❶「直接労務費」「間接労務費」の計算をマスターする

⑳「製造間接費」❸ 142

❶「製造間接費」の「配賦」

㉑「部門別集計表」 145

❶「製造間接費」を各部門に「配賦」する計算をマスターする

㉒「総合原価計算」 150

❶「総合原価計算（同じ規格の製品を大量生産するときに
　適用される原価計算）」をマスターする

㉓「標準原価計算」 154

❶「実際原価」と「標準原価」から「原価管理」をマスターする

あとがき 157

1時限目

電卓の基本
選び方や機能を知ろう！

電卓には数字以外にもたくさんのキーがあります。それぞれの機能を見ていきましょう！

試験で使っていい「電卓」「筆記用具」

① 試験で「使っていい電卓」

　日商簿記、税理士試験、公認会計士ともに、試験に使用することが認められる電卓は、次のようなものです（2019年12月現在）。

試験で使っていい電卓❶ 機能
- 四則演算機能があるもの
- 計算機能以外の機能（プログラム機能、印刷機能、音が出る機能、関数電卓、辞書機能など）がないもの

　ただし、日数計算、時間計算、税計算（税込、税抜が計算できる機能）、検算（1回前の計算結果と答えを自動的に照合できる機能）は使用が認められます。

試験で使っていい電卓❷ 大きさ

日商簿記	明記なし
税理士試験	外形寸法がおおむね縦26cm×横18cmを超えないもの
公認会計士試験	外形寸法がおおむね縦20cm×横20cm×高さ5cmを超えないもの

　試験合格後も毎日電卓を使うことになるので、大きすぎないものを選んでおきます。「**縦18cm×横11cm×高さ2.5cm〜**

4cmくらい」のものが人気です。

 ## 試験で「使っていい筆記用具」

筆記用具については、試験によって異なるので、下表を参考にしてください。

試験で使っていい筆記用具

日商簿記		HBまたはBの黒鉛筆、シャーペン、消しゴム（ラインマーカー、色鉛筆、定規などの使用は不可）
税理士試験		黒または青インキのボールペン、万年筆（鉛筆、消せるボールペンなどの修正可能な筆記具は使用不可。ただし問題用紙および計算用紙にかぎり、鉛筆、色ペン、消しゴムの使用可）、修正テープ、修正液
公認会計士試験	短答式	HBまたはBの黒鉛筆、シャーペン、消しゴム（ただし問題用紙にかぎり、蛍光ペン、色ペンの使用可）
	論文式	黒のボールペン、万年筆（消せるボールペンなどは使用不可。ただし問題用紙にかぎり、蛍光ペン、色ペンの使用可）

税理士試験では鉛筆やシャーペンは使用不可です。
令和元年から修正液を使えるようになりましたが、ボールペンで二重線で消す人が多いようですよ。

02 電卓の「選び方」

① 「12桁（1,000億円単位）」のものを選ぶ

　簿記検定では、3級でも8桁（1,000万円単位）の計算をします。

　最初に選んだ電卓をその後も使ったほうが慣れていていいので、簿記上級や税理士、公認会計士試験にも対応する**「12桁のものを選ぶ」**ことをお勧めします。

　小型の手帳式ポケットサイズの電卓は、試験には向きません。

② 値段的には「3,000円以上」のものを選ぶ

　電卓の値段と計算力は必ずしも比例するわけではありませんが、あまり安いものは、操作音がカチャカチャとうるさく耳障りになります。

　また、ある程度の金額のもののほうが、**「キーのタッチの深さなど、押し間違えが少なくなる」**ので、**「実際に手に取って打ちやすいかどうか確かめて買う」**ようにしましょう。受験に対する費用対効果を考えたら、あまりケチらず、**「3,000〜5,000円程度」**のものを目安に用意しましょう。

③ 「メモリー機能」と「GT機能」があるものを選ぶ

　12桁のもの、3,000円程度のものを選べばまず問題はありませんが、「**メモリー機能は必ず使う**」ので、この機能があるものを選びましょう。また「**GT機能も便利**」なので、ついていることを確認しましょう。

メーカーで違うメモリー機能の呼び名

カシオ	M+	M−	MR	MC
シャープ	M+	M−	RM	CM

④ できれば「同じものを2つ」用意しよう

　滅多にないことですが、急に壊れてしまった場合に、同じものを2つ用意しておくと安心です。同じメーカーのものでも、電卓によってそれぞれ機能が多少違ったり、キーの位置やタッチの感じが違ったりします。時間が経ってからまったく同じものを用意することは難しいので、「**最初に同じものを2つ購入する**」ようにしましょう。同じものが2つあれば、安心して試験に臨めます。

⑤ メーカーは「カシオ」か「シャープ」を選ぶ

電卓メーカーとして、カシオ、シャープのほか、キヤノン、シチズン、それ以外のメーカーや外国のメーカーのものまであります。いずれも機能面ではさほど大きな差はありません。

ただし、「**受験用には"カシオ"か"シャープ"のものがお勧め**」です。日商簿記・税理士試験・公認会計士試験の受験生のほとんどが、カシオかシャープの電卓を使用していて定評があります。

カシオとシャープでは、キーの配列や操作方法に少し違いがあります。本書ではカシオとシャープの両方の電卓を見ていきます。

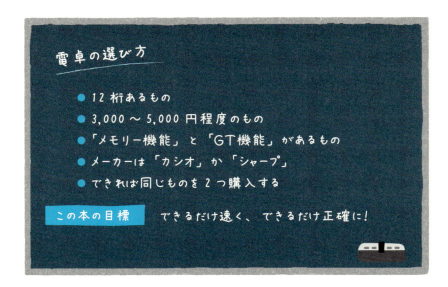

「電卓力」チェック

① あなたの電卓力をチェックしてみましょう！

電卓の機能にはどのようなものがあるのか、自分はそのうちどのくらい知っているのか、この本でどのようなことを学べるのか見てみましょう。

まずは、下記の10項目をチェックしてみてください。

	チェック項目	✓
1	▶ → の使い方を知っている	✓
2	1,500円の20%増しは？	✓
3	+/− キーはどんなときに使うか知っている	✓
4	計算は = キーで完了する	✓
5	電卓は複数の指で操作している	✓
6	「30−12÷4×15」を電卓のみで計算できる	✓
7	3の6乗(3^6)をすぐ計算できる	✓
8	「100×15」と「250×35」の累計をすぐに計算できる	✓
9	「36÷9−420÷6」を電卓のみで計算できる	✓
10	1,000+18+18+18+18+18の計算を「18」を1回だけ入力してできる	✓

電卓力チェック採点表（チェックの数）

- 1〜3個　この本でしっかり電卓について学ぼう
- 4〜6個　基本はOK。この本で学べばもっと速く計算できる！
- 7〜9個　電卓上級者。もうひと息！
- 10個　エキスパート！

04 各部の「名称」と「機能」

　ここでは、受験用でお勧めの「カシオ」と「シャープ」の電卓のボタンの名称や機能についてお話しします。
　電卓によって、多少キーが違うものもありますが、どちらがいい、悪いはありません。

① カシオ

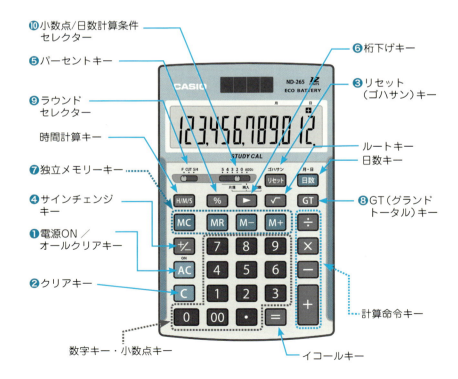

⑩ 小数点／日数計算条件セレクター
⑤ パーセントキー
⑨ ラウンドセレクター
　 時間計算キー
⑦ 独立メモリーキー
④ サインチェンジキー
① 電源ON／オールクリアキー
② クリアキー
　 数字キー・小数点キー
⑥ 桁下げキー
③ リセット（ゴハサン）キー
　 ルートキー
　 日数キー
⑧ GT（グランドトータル）キー
　 計算命令キー
　 イコールキー

● 主なキーのはたらき

キー名	キー	説明
❶電源 ON ／オールクリアキー	AC	電源を入れるときに押します。独立メモリー内の数を除いて、すべてをクリアします。GT（グランドトータル）は保護されません。
❷クリアキー	C	直前に入力した数字を訂正したいときに使います（☞39頁）。
❸リセット（ゴハサン）キー	リセット	独立メモリー内の数値を含め、すべてをクリアします。
❹サインチェンジキー	+／−	表示数値の符号を反転させます。
❺パーセントキー	%	割合計算をするキーです（☞45頁）。
❻桁下げキー	▶	表示されている数値の最小桁（1番右）の数字を消したいときに押します。1回押すごとに1桁ずつ桁下げされます。
❼独立メモリーキー	M+ M− MR MC	計算結果を電卓内に記憶させたり、呼び出したり、消したりすることができます。複数の計算をメモなしで行うことができるので、試験では必須キーとなります（☞47頁）。
❽GT（グランドトータル）キー	GT	それまでの計算結果の累計を示します（☞50頁）。
❾ラウンドセレクター	F CUT 5/4	F 小数部を処理しません。割り切れない場合、小数点は桁数いっぱいまで表示されます。 CUT 「切り捨て」して指定した小数位まで答えを求めます（❿参照）。 5/4 「四捨五入」して指定した小数位まで答えを求めます（❿参照）。 ※ 通常はスイッチを F にあわせておきます。試験中に設定を戻し忘れると、その後の答えがすべて間違ってしまう恐れがあるので、「切り捨て」や「四捨五入」の指示がある場合も、数字を目で見て答えを求めます。
❿小数点／日数計算条件セレクター	5 4 3 2 0 ADD2 両入 片落	（通常の計算） 5 4 3 2 0 答えの小数位を指定します。指定した小数位の下1桁が「切り捨て」または「四捨五入」されます。ただし、❾で F にあわせてあれば関係ありません。 （日数計算） ADD2 日数計算の条件を指定します。 両入 はじまりの日も終わりの日も日数として数えます。 片落 はじまりの日か終わりの日のどちらかを日数として数えません。

② シャープ

● 主なキーのはたらき

❶電源 ON ／クリアキー	C	電源を入れるときに押します。独立メモリー内の数、GT（グランドトータル）の数値を残して、すべてクリアします。
❷クリアエントリーキー	CE	直前に入力した数字を訂正したいときに使います（☞39頁）。
❸クリアオールキー	CA	独立メモリー、GT（グランドトータル）の数値を含めてすべてをクリアします。
❹サインチェンジキー	+/−	表示数値の符号を反転させます。
❺パーセントキー	%	割合計算をするキーです（☞45頁）。
❻桁下げキー	→	表示されている数値の最小桁（1番右）の数字を消したいときに押します。1回押すごとに1桁ずつ桁下げされます（☞41頁）。
❼独立メモリーキー	M+ M− RM CM	計算結果を電卓内に記憶させたり、呼び出したり、消したりすることができます。複数の計算をメモなしで行うことができるので、試験では必須キーとなります（☞47頁）。
❽GT（グランドトータル）キー	GT	それまでの計算結果の累計を示します（☞50頁）。
❾GT スイッチキー	GT ・	**GT** 小計が GT（累計）メモリーに自動的に加算されます。 **・** GT 機能が不要なときにこの位置にします。試験においては、通常「GT」位置にしておきます。
❿TAB（小数部桁数指定）スイッチキー	F 5 4 3 2 1 0 A	計算結果の小数部の桁数を指定します。 **F** 小数部を処理しません。割り切れない場合、小数点は桁数いっぱいまで表示されます。 **5 4 3 2 1 0 A** 答えの小数位を指定します。 ※ 通常はスイッチを **F** にあわせておきます。試験中に設定を戻し忘れると、その後の答えがすべて間違ってしまう恐れがあるので、「小数第○位まで」といった指示がある場合も、数字を目で見て答えを求めましょう。
⓫ラウンドスイッチキー	↑ 5/4 ↓ 両入 片落 両落	通常の計算 **↑**「切り上げ」して指定した小数位まで答えを求めます（❿参照）。 **5/4**「四捨五入」して指定した小数位まで答えを求めます（❿参照）。 **↓**「切り捨て」して指定した小数位まで答えを求めます（❿参照）。ただし、❿で **F** にあわせてあれば関係ありません。 日数計算 日数計算の条件を指定します。 **両入** はじまりの日も終わりの日も日数として数えます。 **片落** はじまりの日か終わりの日のどちらかを日数として数えません。 **両落** はじまりの日も終わりの日も日数として数えません。

25

③ カシオとシャープの主な違い

❶ 数字キー・小数点キー

1番下の段 がカシオは1列左寄りになっています。

❷ 操作キーの配列

どちらがいい・悪いとか、有利・不利とかではなく、あくまでも好みの問題で、使っているうちに慣れてきます。

どちらも、 5 のボタンには突起がついていて、ブラインドタッチのときの目印となります。

④ 小数点について

数字を入力すると、次のように3桁ごとにカンマ（,）やアポストロフィー（'）がつきます。

電卓の場合、小数点（.）と見間違えないように、数字の右上につくもの（図1）が多いですが、数字の右下につくもの（図2）もあります。

電卓は試験合格したあとも、何年も使うことになるので慎重に選びましょう。

COLUMN

電卓は利き手でたたくか反対の手でたたくか？

利き手でたたく場合

電卓をたたく ⇒ ペンに持ち替える ⇒ 答えを書く ⇒ ペンを置く
⇒ そしてまた電卓をたたく

メリット	正確さ
デメリット	時間がかかる ※ ただし問題を速く解けるようにすることのほうが大事。

反対の手でたたく場合

電卓をたたく ⇒ 答えを書く ⇒ 電卓をたたく

メリット	速い、いかにも会計人ぽい
デメリット	ミスが増える ※ ただし練習すれば慣れる。

ではどちらがいいでしょうか？

仕事で回ってくる書類は、左上をホチキス留めしてあることが多いので、左手でめくりやすく、右手で電卓をたたくほうがスムーズともいえます。また、パソコンのテンキーは右にあるので、電卓も右手でたたくほうがいいかもしれません。利き手でペンを持ったまま電卓をたたく人も多いようです（ペンを置かない）。

電卓の機能を知っているのと知らないのとでは時間がすごく変わりますが、どちらの手でたたくかではそこまで差が出ません。大事なのは「問題を読んで理解し、式を立てるまでの時間」を短縮することです。ちなみに筆者は左利きで、ペンも電卓も左手です。ペンは持ったまま置きません。テンキーは右手で速く打てるのに、電卓だと左手のほうが速い……。結局「慣れ」なのでしょうね。

2時限目

こんなに便利
操作方法を覚えよう！

どんなときに、どんな操作を使うと便利か学んでいきます！計算がグッと速くなりますよ。

01 電卓を使う前に

① 最初に、スイッチをFにあわせる

「各部の名称」（☞23、25頁）でもお話ししましたが、カシオだったら、表示窓のすぐ下の「F　CUT　5/4」（ 図1 ）やシャープなら「F５４３２１０A」（ 図2 ）のスイッチは、通常「F」にあわせておきましょう。

またシャープの場合、「GT・」スイッチがついているものであれば、「GT」にあわせます。50頁でお話しするGT機能が使えるようになります。

カシオは自動セットになっているのでこのスイッチはありません。

● 図1 カシオの電卓の場合

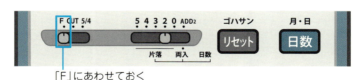

「F」にあわせておく

● 図2 シャープの電卓の場合

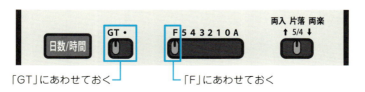

「GT」にあわせておく　　「F」にあわせておく

02 電卓の電源を入れる

① AC または C で電源を入れる

　電源を入れるときには、AC（カシオ）や C（シャープ）を押します。

　また、ほとんどの電卓は6、7分ほどキー操作をしないと、自動節電機能が働いて自動的に電源がOFFになります。その際も AC（カシオ）か C（シャープ）を押します。

　まったく新しい計算をするときは、電卓内のすべてをクリアしましょう。

「切り捨て」「四捨五入」「小数点以下〇位まで」の指示があっても、「F」にあわせて自分の目で見て指示にしたがいましょう。
電卓機能で設定すると、あとの問題でそのまま解いてしまう恐れがあります。

カシオの電卓

自動電源 OFF	約6分以上操作しないと自動電源 OFF になる
AC を押すと電源が入る	それまでの M (メモリー：⇒47頁) は保護されている※。GT (⇒50頁) は保護されない。つまり、AC を押すだけではすべてはリセットされない
オールクリア❶	AC MC の両方を押すと、電卓内のすべてをクリアできる
オールクリア❷	リセット キーや クリア キーがついている機種の場合は、それを押すと、電卓内のすべてをクリアできる

※ それまで M+ 、M- で記憶しているものすべて。

すべてをクリアできる

両方押すとすべてをクリアできる

電源が入る

シャープの電卓

自動電源OFF	約7分以上操作しないと自動電源OFFになる
C を押すと電源が入る	それまでの M（メモリー：☞47頁）は保護されている※。GT（☞50頁）は保護されない。つまり、C を押すだけではすべてはリセットされない
オールクリア	CA を押すと、電卓内のすべてをクリアできる

※ それまで M+ 、M− で記憶しているものすべて。

すべてをクリアできる
電源が入る

2時限目 こんなに便利 操作方法を覚えよう！

33

03 四則計算キーとイコールキー、小数点キー

① 四則計算キーの最後にイコール **=** キー

+ **−** **×** **÷** を四則計算キーといいます。最後に
= （イコールキー）を押すと計算結果が出ます。

= を押して答えを出すと、その計算は完了になります。
その次に入力したものは、次の別の計算となります。

電卓操作

例1 100 + 200 = 300
❶ 1 0 0
❷ +
❸ 2 0 0
❹ =
❺ 300 ← 答えが表示される

例1 の計算のあと、いったんクリアする必要はありません。
そのまま **例2** の計算を、個別の独立した計算として続けてで
きます。

34

電卓操作

例2　　5 × 5 = 25

❶　5
❷　×
❸　5
❹　=
❺　25　←答えが表示される

　上記の **例2** で、それぞれ最後に = を押さないと、その計算は終了しません。ひとつの計算の結果を必ず = で求める（終える）習慣をつけてください。そうしないと、次の計算に前の計算結果が連結してつながってしまいます。

　なお、四則計算キーは、最後に押したものが有効となります。何度打ち間違えても気にせず続けて、正しいキーを押せばそれで計算されます。

電卓操作

例　　100 ÷ 2 = 50

❶　1　0　0
❷　+　と間違って入力
❸　−　と間違って入力
❹　×　と間違って入力
❺　÷　最後に押した四則計算キーだけが有効となる
❻　2
❼　=
❽　50　←答えが表示される

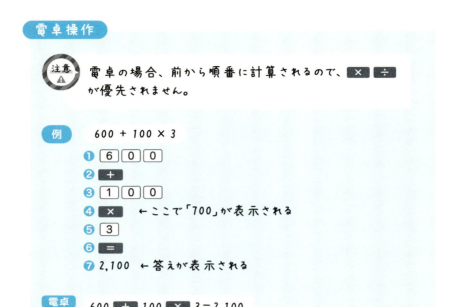

　算数の答えは「900」ですが、電卓では「2,100」になります。算数のとおりに計算したい場合は、100 × 3を先に電卓に入力してから + 600を入力します。

② 累乗計算 イコール = キーを続けて押す

= を続けて押すと、累乗根（2乗、3乗……）を求めることができます。

電卓操作

例　5^2（5の2乗）
1. 5
2. ×
3. = ←もう1回5を押さなくても「25」が表示される

3乗、4乗、5乗……と続けるときは、それぞれ次のようにします。

カシオの電卓

最初に × を2回押してから、 = を押すごとに累乗根が増えていく
1. 5
2. ×
3. × 2回押す
4. = 25(5^2)が表示される
5. = 125(5^3)が表示される
6. = 625(5^4)が表示される

↓
= を押すごとに累乗根が増えていく

シャープの電卓

最初に ×⃞ を1回押してから、 =⃞ を押すごとに累乗根が増えていく。

❶ 5⃞
❷ ×⃞ 1回押す
❸ =⃞ 25(5^2)が表示される
❹ =⃞ 125(5^3)が表示される
❺ =⃞ 625(5^4)が表示される

↓

=⃞ を押すごとに累乗根が増えていく

---

③ 小数点 ・⃞ キー

・⃞ （小数点）キーは、小数点以下を示す最初のゼロを省略できます。

電卓操作

例　0.1

❶ ・⃞
❷ 1⃞ ←0を入力しなくても、「0.1」が表示される

ささいなことですが、割合を掛ける場合に、0.Xの掛け算の計算が続くときなどに、時間短縮に効果てきめんです。

04 直前に入力した数字の訂正

① C（カシオ）、CE（シャープ）と、AC（カシオ）、CA（シャープ）

C（カシオ）やCE（シャープ）を押すと、直前に入力した数字がなかったことになり、訂正できます。

電卓操作

例　100 + 200 + 300 = 600

1. 1 0 0
2. +
3. 2 0 0
4. +
5. 5 0 0　←300とすべきところ、間違って500と入力
6. C（カシオ）、CE（シャープ）　←500が消える
7. 3 0 0
8. =
9. 600　←答えが表示される

ここで AC（カシオ）、C CA（シャープ）を押してしまうと、最初の100から消えてしまうので、はじめから計算し直さなければいけなくなります。

クリアキーの機能比較

カシオ	機能	シャープ
リセット（または AC MC）	電卓内をすべてクリア	CA
AC	メモリー情報以外クリア	
	メモリー・GT情報以外クリア	C
C	直前の入力情報のみクリア	CE

　カシオで リセット キーがない機種の場合は、 AC MC の2つのキーを押すとすべてクリアされます。

　自分が使う電卓の機能を理解しましょう。何度も使用しているうちに使い慣れてきます。

慣れるまでは毎回確認する必要がありますが、早く慣れて、電卓を使いこなせる素敵な会計人になりましょう！

05 数字の一部訂正

① ▶（カシオ）、→（シャープ）で最後の数字を訂正する

　▶（カシオ）や →（シャープ）は、下1桁（1番右の数字）から順に、数字を打ち直したいときに使います。下1桁（1番右の数字）から順に数字を消し、続いてそのまま正しい数字を入力します。

電卓操作

例　123456789と入力する

❶ 1 2 3 4 5 6 7 8 0 ←
　　　　　　　　　9とすべきところ、間違えて0と入力してしまった
❷ ▶（カシオ）、→（シャープ）　←0が消える
❸ 9　　　←123456789と表示される

　ここで、▶（カシオ）、→（シャープ）を2回、3回と押すと、下2桁、下3桁……が消えます。

電卓操作

例　123 × 456 = 56,088

❶ 1 2 3
❷ ×
❸ 4 6 7 ←　456とすべきところ、間違えて
　　　　　　467と入力してしまった

④ ▶▶（カシオ）、→ →（シャープ）　←67が消え、
　4と表示される

⑤ 5 6 　　←456と表示される

⑥ ＝

⑦ 56,088　←答えが表示される

② ▶（カシオ）、→（シャープ）で 小数点以下を消す

　また、計算結果で出た数字の最後の数を消すときにも使えます。

電卓操作

例　　100 ÷ 8（整数部分）÷ 3 = 4

① 1 0 0

② ÷

③ 8

④ ＝

⑤ 12.5

⑥ ▶（カシオ）、→（シャープ）　←「.5」が消え、
　　　　　　　　　　　　　　　　　　12と表示される

⑦ ÷

⑧ 3

⑨ ＝

⑩ 4　　←12÷3が計算され、答えが表示される

06 数字のプラス・マイナスを逆転させる

① サインチェンジ +/- キーで、プラス・マイナスを逆転させる

計算の順序によって、式の途中でプラス・マイナスを逆転表示させたい場合に使うのが、サインチェンジ +/- キーです。

電卓操作

例 $48 - 16 ÷ 4 = 44$

① 1 6
② ÷
③ 4 ←先に16÷4を計算する
④ =
⑤ 4
⑥ +/- ←プラス・マイナスを逆転させる
⑦ −4 ←＋4が−4に変わる
⑧ +
⑨ 4 8
⑩ =
⑪ 44 ←答えが表示される

OR

① 1 6
② ÷
③ 4
④ − ←まず符号逆のまま計算する

❺ 4 8
❻ =
❼ -44
❽ +/− ←後でプラス・マイナスを逆転させる
❾ 44　←答えが表示される

計算式を前から順番に入力していくと、先に48−16（=32）が計算されるため、答えは8になる。

算数　48 − 16 ÷ 4 = 8
　　　　　　32

数字があっていれば符号くらい……と思っていると、試験本番で致命的なミスをすることもあるので、符号も1回ずつあわせましょうね。

07 割合を計算

① パーセント %キーで、割合・割増・割引を計算する

割合・割増・割引などの計算をする場合、 % キーを使います。

電卓操作・割合計算

例 1,000円の30%はいくら?

① 1 0 0 0
② ×
③ 3 0
④ %
⑤ 300 ←答えが表示される

電卓操作・割増計算

例 1,000円の30%増しはいくら?

カシオの電卓
① 1 0 0 0
② ×
③ 3 0
④ %
⑤ + ←最後に + キーを押す
⑥ 1,300 ←答えが表示される

45

シャープの電卓
❶ 1 0 0 0
❷ + ←ここで + キーを押す
❸ 3 0
❹ %
❺ 1,300 ←答えが表示される

※ カシオもシャープも、1,000 × 130 % でも求められる。

電卓操作・割引計算

例　1,000円の30%引きはいくら?

カシオの電卓
❶ 1 0 0 0
❷ ×
❸ 3 0
❹ %
❺ − ←最後に − キーを押す
❻ 700 ←答えが表示される

シャープの電卓
❶ 1 0 0 0
❷ − ←ここで − キーを押す
❸ 3 0
❹ %
❺ 700 ←答えが表示される

※ カシオもシャープも、1,000 × 70 % でも求められる。

46

08 M+ M− 独立メモリーの操作

① M+ M− で数字を記憶しておく

表示されている数字や計算結果を記憶させたり、ある数字をメモしておきたいときなどに大変便利です。

独立メモリー

M+	表示されている数字や計算結果を電卓に記憶（メモリー）させ、足す
M−	表示されている数字や計算結果を電卓に記憶（メモリー）させ、引く
MR（カシオ） RM（シャープ）	メモリーに記憶されている数字を呼び出して表示する
MC（カシオ） CM（シャープ）	メモリーの内容を消去する

※ 数字が記憶されているときは、"M"が点灯する。
　 メモリー機能を使うと、複数の計算をメモなしでできる。

電卓操作

例　$80 \times 5 + 50 \times 6 - 20 \times 2 = 660$

❶ [8][0]

❷ [×]

❸ [5]

❹ [M+] ←＋400が記憶される

❺ [5][0]

❻ [×]

❼ [6]

❽ [M+] ←＋300が記憶される

❾ [2][0]

❿ [×]

⓫ [2]

⓬ [M−] ←−40が記憶される

⓭ [MR]（カシオ）⎫
　　[RM]（シャープ）⎭ 記憶が呼び出され、合計計算の結果が出る

⓮ 660 ←答えが表示される

電卓操作

例　$(500 - 100) \div (15 - 5) = 40$

❶ [1][5]

❷ [−]

❸ [5]

❹ [M+] ←先に割る数（15−5）を計算し、10を記憶しておく

❺ [5][0][0]

❻ [−]

❼ [1][0][0]

❽ [÷]

❾ [MR]（カシオ）⎫
　　[RM]（シャープ）⎭ 記憶が呼び出され、10で割る

❿ [=]

⓫ 40 ←答えが表示される

電卓操作

例

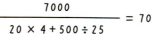

$$\frac{7000}{20 \times 4 + 500 \div 25} = 70$$

❶ [2][0]
❷ [×]
❸ [4]
❹ [M+] ← +80が記憶される
❺ [5][0][0]
❻ [÷]
❼ [2][5]
❽ [M+] ← +20が記憶される

> 先に分母を計算して記憶させる

❾ [7][0][0][0]
❿ [÷]
⓫ [MR]（カシオ）
　　[RM]（シャープ）

> 記憶が呼び出され、分母の計算結果（100）で割る

⓬ [=]
⓭ 70 ←答えが表示される

数ある電卓の中でも、最も使われていて役に立つ機能が、この「独立メモリー機能」です。複数の計算も1度の操作で計算できます。

09 GT メモリーの操作

1 それまでの計算結果を合計する

　それまでの計算結果の累計を、自動的に記憶する機能です。前節の独立メモリー機能と同様、使いこなすと大変便利です。

　ある計算をして、 **=** キーを押すと、画面の上方に「G（またはGT）」が表示され、GTメモリー機能が働いていることがわかります。

　 GT キーを押すと、それまでの計算結果の累計が表示されます。 **リセット** や **AC** （カシオ）、 **CA** （シャープ）を押すと「G（またはGT）」の表示が消え、それまでの累計も消えます。

電卓操作

例 　次の2つの計算結果の合計を求める

・$100 \times 15 = 1,500$
・$50 \times 800 = 40,000$

❶ **1** **0** **0** **×** **1** **5**
❷ **=** 　←1,500が表示される
❸ **5** **0** **×** **8** **0** **0**
❹ **=** 　←40,000が表示される
❺ **GT**
❻ 41,500　←答えが表示される

日々の売上集計の計算をする場合などに役立ちます。

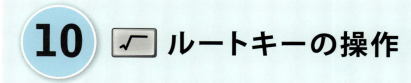

10 ルートキーの操作

① 平方根を計算する

平方根を計算するときに使用します。簿記の学習ではあまり使用することはありませんが、日商簿記1級や公認会計士試験で使用する場合があります。

電卓操作

例1　$\sqrt{4}$ の値を求める

❶ 4
❷ √
❸ 2　←答えが表示される

電卓操作

例2　$\sqrt{\dfrac{60 \times 15}{100}}$ の値を求める

❶ 6 0 × 1 5 ÷ 1 0 0
　　　　　　　←先に、平方根の中を計算する
❷ =
❸ √　←計算の最後に押す
❹ 3　←答えが表示される

11 定数計算の操作

① 同じ数字を何度も使って計算する

　簿記の計算では、同じ数字を何度も足したり、引いたり、掛けたり、割ったりすることがあります。電卓にはこのような計算（定数計算）のときにも大変便利な機能があります。

　簿記会計ではこの機能を多用するので、ぜひマスターしてください。

同じ数字を何度も使うことがある

○○+100=	○○−100=
△△+100=	△△−100=
□□+100=	□□−100=
○○×100=	○○÷100=
△△×100=	△△÷100=
□□×100=	□□÷100=

② 定数加算

　ある一定の数字に異なる数字を足す場合と、さまざまな数字にある一定の数字を足す場合に使います。カシオとシャープで少し操作が違います。

電卓操作

例　ある一定の数字に異なる数字を足す場合

- $50 + 10 =$
- $50 + 20 =$
- $50 + 30 =$

カシオの電卓

❶ [5] [0]　←ある一定の数字を入力する
❷ [+] [+]　←[+]を2回押す（画面に「K」が表示される）
❸ [1] [0]
❹ [=]　←50+10の答えが表示される
❺ [2] [0]
❻ [=]　←50+20の答えが表示される
❼ [3] [0]
❽ [=]　←50+30の答えが表示される

※[+]キーを2回連続して押すと、最初の「50」が記憶され、定数加算モードとなり、2行目からは「50」を入力せずに、足したい数字を入力するだけで答えを求めることができる。

シャープの電卓

❶ [5] [0]　←ある一定の数字を入力する
❷ [+] [=]　←[+] [=]を押す
❸ [1] [0]
❹ [=]　←50+10の答えが表示される
❺ [2] [0]
❻ [=]　←50+20の答えが表示される
❼ [3] [0]
❽ [=]　←50+30の答えが表示される

※[+] [=]キーを連続して押すと、最初の「50」が記憶され、定数加算モードとなり、2行目からは「50」を入力せずに、足したい数字を入力するだけで答えを求めることができる。

電卓操作

例 さまざまな数字にある一定の数字を足す場合

- $10 + 300 =$
- $20 + 300 =$
- $30 + 300 =$

カシオの電卓

❶ 3 0 0 ←先に、ある一定の数字を入力する
❷ + + ← + を2回押す（画面に「K」が表示される）
❸ 1 0
❹ = ←10 + 300の答えが表示される
❺ 2 0
❻ = ←20 + 300の答えが表示される
❼ 3 0
❽ = ←30 + 300の答えが表示される

シャープの電卓

❶ 3 0 0 ←先に、ある一定の数字を入力する
❷ + = ← + = を押す
❸ 1 0
❹ = ←10 + 300の答えが表示される
❺ 2 0
❻ = ←20 + 300の答えが表示される
❼ 3 0
❽ = ←30 + 300の答えが表示される

電卓操作

例　ある数字に同じ数字を連続して足したいとき（連続加算）

・ $100 + 12 + 12 + 12 =$

カシオの電卓

❶ 1 2 ←先に、加算したい同じ数字を入力する
❷ + + ← + を2回押す（画面に「K」が表示される）
❸ 1 0 0
❹ = ←100＋12の答えが表示される
❺ = ←100＋12＋12の答えが表示される
❻ = ←100＋12＋12＋12の答えが表示される

シャープの電卓

❶ 1 2 ←先に、加算したい同じ数字を入力する
❷ + = ← + = を押す
❸ 1 0 0
❹ = ←100＋12の答えが表示される
❺ = ←100＋12＋12の答えが表示される
❻ = ←100＋12＋12＋12の答えが表示される

※ カシオ、シャープともに、加算していきたい「12」を定数に設定したら、あとは = キーを、加算したい回数だけ押せば答えが求められる。

③ 定数減算

　さまざまな数字から一定の数字を引く場合と、ある数字から同じ数字を連続して引く場合に使います。カシオとシャープで少し操作が違います。

電卓操作

例 さまざまな数字から一定の数字を引く場合

- $50-10=$
- $60-10=$
- $70-10=$

カシオの電卓

❶ [1] [0] ←先に、減算する一定の数字を入力する
❷ [－] [－] ←[－]を2回押す（画面に「K」が表示される）
❸ [5] [0]
❹ [＝] ←50−10の答えが表示される
❺ [6] [0]
❻ [＝] ←60−10の答えが表示される
❼ [7] [0]
❽ [＝] ←70−10の答えが表示される

※ [－]キーを2回連続して押すと、最初の「10」が記憶され、定数減算モードとなり、2行目からは「10」を入力せずに、引かれる数字を入力するだけで答えを求めることができる。

シャープの電卓

❶ [5] [0] [－] [1] [0] ←順序どおりに計算する
❷ [＝] ←50−10の答えが表示される
❸ [6] [0]
❹ [＝] ←60−10の答えが表示される
❺ [7] [0]
❻ [＝] ←70−10の答えが表示される

※ 計算式の順序どおり計算すると、「10」が記憶され、定数減算モードとなり、2行目からは「10」を入力せずに、引かれる数字を入力するだけで答えを求めることができる。

> **電卓操作**

> **例** ある数字から同じ数字を連続して引きたいとき（連続減算）
>
> ・100−12−12−12＝

カシオの電卓

❶ 1 2 ←先に、減算したい同じ数字を入力する
❷ − − ← − を2回押す（画面に「K」が表示される）
❸ 1 0 0
❹ = ←100−12の答えが表示される
❺ = ←100−12−12の答えが表示される
❻ = ←100−12−12−12の答えが表示される

※ − キーを2回連続して押すと、最初の「12」が記憶され、定数減算モードとなり、あとは = キーを、減算したい回数だけ押せば答えを求めることができる。

シャープの電卓

❶ 1 0 0 − 1 2 ←順序どおりに計算する
❷ = ←100−12の答えが表示される
❸ = ←100−12−12の答えが表示される
❹ = ←100−12−12−12の答えが表示される

※ 計算式の順序どおり計算すると、「12」が記憶され、定数減算モードとなり、あとは = キーを、減算したい回数だけ押せば答えを求めることができる。

④ 定数乗算

　いろいろな数字に一定の数字を掛ける場合に使います。カシオとシャープで少し操作が違います。

電卓操作

例 いろいろな数字に一定の数字を掛けたいとき

- 30×15＝
- 40×15＝
- 50×15＝

カシオの電卓

❶ 1 5 ←先に、掛ける一定の数字を入力する

❷ × × ←×を2回押す（画面に「K」が表示される）

❸ 3 0

❹ ＝ ←30×15の答えが表示される

❺ 4 0

❻ ＝ ←40×15の答えが表示される

❼ 5 0

❽ ＝ ←50×15の答えが表示される

※ × キーを2回連続して押すと、最初の「15」が記憶され、定数乗算モードとなり、2行目からは「15」を入力せずに、掛けられる数字を入力するだけで答えを求めることができる。

シャープの電卓

❶ 1 5 ←先に、掛ける一定の数字を入力する

❷ ×

❸ 3 0

❹ ＝ ←30×15の答えが表示される

❺ 4 0

❻ ＝ ←40×15の答えが表示される

❼ 5 0

❽ ＝ ←50×15の答えが表示される

※ 最初に入力した「15」が記憶され、定数乗算モードとなり、2行目からは「15」を入力せずに、掛けられる数字を入力するだけで答えを求めることができる。

電卓操作

例　ある一定の分数を掛ける場合

- 2 × 2 ／ 5 ＝
- 4 × 2 ／ 5 ＝
- 10× 2 ／ 5 ＝

カシオの電卓

❶ 2 ÷ 5 ←先に、掛ける一定の分数を計算する
❷ × × ← × を2回押す（画面に「K」が表示される）
❸ 2
❹ ＝ ←2×2／5の答えが表示される
❺ 4
❻ ＝ ←4×2／5の答えが表示される
❼ 1 0
❽ ＝ ←10×2／5の答えが表示される

※ × キーを2回連続して押すと、最初の「2／5」が記憶され、定数乗算モードとなり、2行目からは「2／5」を入力せずに、掛けられる数字を入力するだけで答えを求めることができる。

シャープの電卓

❶ 2 ÷ 5 ←先に、掛ける一定の分数を計算する
❷ ×
❸ 2
❹ ＝ ←2×2／5の答えが表示される
❺ 4
❻ ＝ ←4×2／5の答えが表示される
❼ 1 0
❽ ＝ ←10×2／5の答えが表示される

※ 最初に入力した「2／5」が記憶され、定数乗算モードとなり、2行目からは「2／5」を入力せずに、掛けられる数字を入力するだけで答えを求めることができる。

この機能を使うと、たとえば送料を各資産に按分して上乗せする計算などに便利！

 定数除算

　ある一定の数字を異なる数字で割る場合と、さまざまな数字を一定の数字で割る場合に使います。

電卓操作

例　ある一定の数字を異なる数字で割る場合

- 500÷100＝
- 500÷50＝
- 500÷10＝

カシオ・シャープ（共通）

❶ 500
❷ M+　←500を記憶させる
❸ ÷ 100
❹ ＝　←500÷100の答えが表示される
❺ MR（カシオ）、RM（シャープ）　←記憶した数字「500」を呼び出す
❻ ÷ 50
❼ ＝　←500÷50の答えが表示される
❽ MR（カシオ）、RM（シャープ）　←記憶した数字「500」を呼び出す
❾ ÷ 10
❿ ＝　←500÷10の答えが表示される

※ M+ で最初の「500」を記憶させ、2行目からは「500」を入力せずに、MR RM を割って答えを求めることができる。

電卓操作

例 さまざまな数字を一定の数字で割る場合

- $490 \div 70 =$
- $420 \div 70 =$
- $350 \div 70 =$

カシオの電卓

❶ [7] [0]　←先に、割る一定の数字を入力する
❷ [÷] [÷]　←[÷]を2回押す（画面に「K」が表示される）
❸ [4] [9] [0]
❹ [=]　←490÷70の答えが表示される
❺ [4] [2] [0]
❻ [=]　←420÷70の答えが表示される
❼ [3] [5] [0]
❽ [=]　←350÷70の答えが表示される

※ [÷] キーを2回連続して押すと、最初の「70」が記憶され、定数除算モードとなり、2行目からは「70」を入力せずに、割られる数字を入力するだけで答えを求めることができる。

シャープの電卓

❶ [7] [0]　←先に、割る一定の数字を入力する
❷ [M+]　←70を記憶させる
❸ [4] [9] [0] [÷]
❹ [RM]　←記憶した数字「70」を呼び出す
❺ [=]　←490÷70の答えが表示される
❻ [4] [2] [0] [÷]
❼ [RM]　←記憶した数字「70」を呼び出す
❽ [=]　←420÷70の答えが表示される
❾ [3] [5] [0] [÷]
❿ [RM]　←記憶した数字「70」を呼び出す
⑪ [=]　←350÷70の答えが表示される

※ [M+] で最初の「70」を記憶させ、2行目からは「70」を入力せずに、割られる数を [RM] で割って答えを求めることができる。

61

COLUMN

レストランの会計、全員分でいくら？

日常生活でも、電卓があれば簡単に計算ができる

今日は、みんなにランチをごちそうしようと思います。
イタリアンのお店で、次の場合、全部でいくらになるでしょうか？

ミートソーススパゲティ	@850円	4人分
ペンネアラビアータ	@900円	3人分
カルボナーラスパゲティ	@880円	2人分

なお、全員、200円の値引きチケットを持っています。

メニューの合計額から割引券の金額を引く

この場合、それぞれのメニューの金額を計算して、合計し、そこから人数分の値引き合計額を引きますが、次のように電卓をたたくと1度に求めることができます。

❶ 8 5 0 × 4 M+ ←3,400（ミートソーススパゲティの合計）
❷ 9 0 0 × 3 M+ ←2,700（ペンネアラビアータの合計）
❸ 8 8 0 × 2 M+ ←1,760（カルボナーラスパゲティの合計）
❹ 4 + 3 + 2 × 2 0 0 M−
　　　　　　　　　　　　　1,800（値引きの合計）
❺ 　MR（カシオ）、RM（シャープ）　←6,060（支払金額）

スマホの電卓機能ではできない

このように、支払金額（6,060円）が一発で出ました。日常生活ではスマホの電卓機能を使う人も多いと思いますが、スマホの電卓機能ではこれはできません。

そしてレストランで12桁の電卓で計算していると、「この人ただものじゃないな……」と注目の的になるかもしれませんね。

3時限目

早く打てるようになる
タイピングの練習をしよう！

電卓を「速く」「正確に」打つためにはコツがあります。

01 スピードアップ術 ❶ 指の位置を決めて打つ

1 ホームポジションを覚える

　数字キーの 5 には突起がついています。右手の場合でも左手の場合でも、ここに中指を置いて操作します。

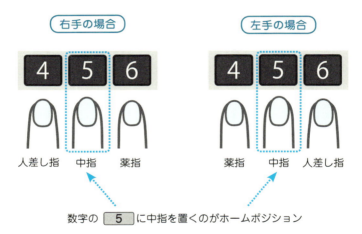

　カシオとシャープで数字キーの位置が違います（シャープのほうが1列左に寄っています）が、基本的に、数字キーに使う指は同じです。まずは3つの指を、上図の位置に置くよう意識しましょう。
　そのほかの + キーや = キーなどに使う指は、次頁の図のようにします。

- **図1** カシオの電卓の場合

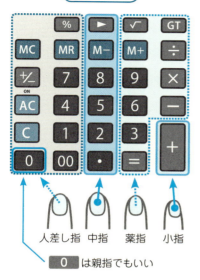

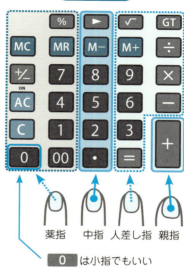

- **図2** シャープの電卓の場合

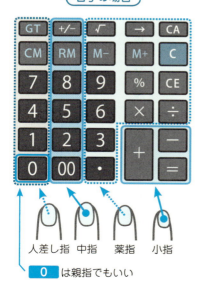

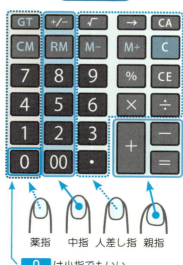

右手の場合、 1 4 7 は人差し指、 2 5 8 は中指、 3 6 9 は薬指で打ちます。

左手の場合、 1 4 7 は薬指、 2 5 8 は中指、 3 6 9 は人差し指で打ちます。

同一キーを異なる2本以上の指で操作すると、計算ミスの原因となります。

たとえば、 1 キーを薬指と中指で打つと計算ミスが起きやすいので、必ず薬指で打つと決めておきます。

それでは、人差し指・中指・薬指を使って練習をしてみましょう。

電卓操作

例 連続した数字（隣りあうキー）を見ないで打ってみる

❶ 1 2 3 4 5 6 7 8 9
❷ 9 8 7 6 5 4 3 2 1
❸ 1 4 7 8 5 2 3 6 9

- 数字キーを見ないで打ってみて、きちんとその数字が液晶に出ているかを確認してみる。途中で打ち間違えたときは、▶ キー（カシオ：中指）、→ キー（シャープ：右手薬指か左手人差し指）で訂正して続きを打つ。
- ブラインドタッチに慣れるため、できるだけキーを見ないようにするが、最初は間違えないように正確にゆっくりと打つことを優先する
- 空いている手で、上記の **例** の数字を指し、今どこを計算しているか確認しながら入力する

02 スピードアップ術❷ 人差し指・中指・薬指を使った足し算

1 ＋ キーを打つ指を覚える

それでは、決めた指を使って、液晶を見ながら足し算をしてみましょう。

＋ キーの位置はメーカーによって異なりますが、いずれも次のようにするといいでしょう。

| 右手 | 小指 | 左手 | 親指 |

● 図1 カシオの電卓の場合

右手の場合

小指

左手の場合

親指

● **図2** シャープの電卓の場合

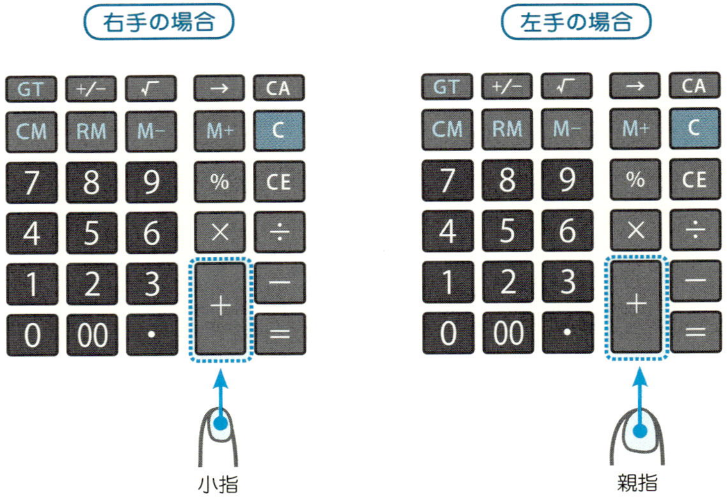

右手の場合

GT	+/−	√	→	CA
CM	RM	M−	M+	C
7	8	9	%	CE
4	5	6	×	÷
1	2	3	+	−
0	00	·		=

小指

左手の場合

GT	+/−	√	→	CA
CM	RM	M−	M+	C
7	8	9	%	CE
4	5	6	×	÷
1	2	3	+	−
0	00	·		=

親指

電卓計算

例 　左右または上下に指を順に動かす計算

❶ 123 + 456 + 789 =

❷ 987 + 654 + 321 =

❸ 147 + 258 + 369 =

❹ 963 + 852 + 741 =

❺ 123 + 156 + 189 =

答え

❶ 1,368

❷ 1,962

❸ 　774

❹ 2,556

❺ 　468

電卓計算

例 上下・左右ランダムに指を動かす計算

① 364 + 791 + 296 + 516 =
② 681 + 958 + 139 + 451 =
③ 582 + 295 + 1835 + 9322 =
④ 53 + 2963 + 376316 =
⑤ 289 + 6815 + 27 + 14637 =

答え
① 1,967
② 2,229
③ 12,034
④ 379,332
⑤ 21,768

指を見ないで、決めた指で正しく入力できましたか？

最初はミスもあるし、スピードも遅いかもしれませんが、慣れてくればミスはなくなり、スピードも速くなるので、がんばりましょう。

慣れないうちは
自己流のほうが
早いと思うけど……、
ガマンガマン！

03 スピードアップ術❸ ゼロが入った足し算

① ｜0｜キーを打つ指を覚える

だいぶ慣れてきましたか？

さて、次は「0」が入った足し算をしていきましょう。「0」は試験でも1番多く使われます。

｜0｜キーは、2つの指のどちらかで打ちます。どちらが入力しやすいかは人それぞれなので、入力しやすいほうの指を決めたら、統一するようにしてください。｜0｜キーの位置はメーカーが違っても同じ場所になります。

｜0｜キーを打つ指

| 右手 | 親指または人差し指 | 左手 | 薬指または小指 |

電卓に慣れてくると、
簿記の問題を解くのも
楽しくなります。
さあ、会計人のスタート
です！

● **図1** カシオの電卓の場合

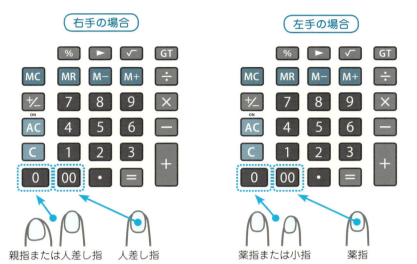

図2 シャープの電卓の場合

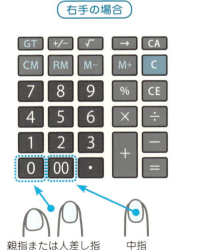

3時限目　早く打てるようになる　タイピングの練習をしよう！

電卓計算

例 0が入った足し算

❶ 1 0 + 2 0 + 3 0 + 4 0 + 5 0 =

❷ 3 0 + 5 0 + 9 0 + 7 0 + 4 0 =

❸ 1 2 0 + 3 5 0 + 4 9 0 + 9 5 0 =

❹ 1 0 3 + 5 0 7 + 9 0 8 =

❺ 1 0 9 + 2 0 3 + 4 0 5 8 =

答え

❶ 150
❷ 280
❸ 1,910
❹ 1,518
❺ 4,370

電卓計算

例 00が入った足し算

❶ 1 0 0 + 5 0 0 + 3 0 0 + 4 0 0 =

❷ 5 0 0 + 8 0 0 + 7 0 0 + 1 0 0 =

❸ 9 0 0 + 7 0 0 + 5 0 0 + 1 0 0 =

❹ 1 0 0 3 + 8 0 0 4 + 9 0 0 7 =

❺ 1 0 0 9 7 + 5 0 0 3 + 8 0 0 5 4 =

答え

❶ 1,300
❷ 2,100
❸ 2,200
❹ 18,014
❺ 95,154

電卓計算

例 0と00が入った足し算

1. 10 + 200 + 30 + 400 =
2. 500 + 80 + 7600 + 130 =
3. 90 + 50 + 300 + 6500 =
4. 503 + 9600 + 890 + 7001 =
5. 810 + 905 + 7002 + 6004 =

答え
1. 640
2. 8,310
3. 6,940
4. 17,994
5. 14,721

慣れるまでは 00 キーは使わず、 0 キーだけで入力してもかまいません。

決めた指で打つくせをつけましょう。

練習を続ければ、少しずつミスが減り、タイピングが早くなりますよ。

04 引き算を交えた計算

① ［−］キーを打つ指を覚える

　次に決めた指を使って、液晶を見ながら引き算をしてみましょう。

　［−］キーの位置はメーカーによって異なりますが、いずれも次のようにするといいでしょう。

［−］キーを打つ指

右手	（カシオ）薬指 （シャープ）小指

左手	（カシオ）人差し指 （シャープ）親指

● 図1 カシオの電卓の場合

図2 シャープの電卓の場合

電卓計算

例　左右または上下に指を順に動かす計算

❶ 98000-570+531-243=
❷ 4806+530-728-83=
❸ 716-530+834-790-24=
❹ 4802+2501-3700-929=
❺ 35120-490+15582-2223=

答え
❶ 97,718　　❷ 4,525　　❸ 206
❹ 2,674　　❺ 35,989

＋ － キーは決めた指で打てましたか？ はじめは決めた指だとかえって時間がかかるかもしれませんが、パソコンのブラインドタッチのように、慣れてくればこのほうが速く打てるようになります。最初はゆっくりでかまわないので、確実に打てるようになりましょう。

05 ブラインドタッチを身につける

① 操作する手は決めたら変えないこと

　第1章のコラム（☞28頁）で触れたように、電卓を右手で打つか左手で打つか、どちらがいいとか正解ということはありません。どちらの手を使っているかでミスの数や速さに違いはありませんし、試験の合格率も変わりません。

　ただ一点、気をつけてほしいのは、しばらく使ってみてから「やっぱり反対の手で打とうかな」とか「逆の手の人のほうが上達が速そうだからそっちに変えようかな」と、学習が進んだあとで電卓を打つ手を変更しないということです。変更するとミスしやすくなります。

　学習の初期の段階で、右手で打つのか左手で打つのか決めて、それからブラインドタッチを心がけて練習していきましょう。

② ブラインドタッチに挑戦！

　それでは実際に、指を見ないで次の穴埋め問題を解いてみましょう。最初は慌てず、「速さ」より「確実さ」を優先に、「1回で正解を出す！」という気持ちで打ってみてください。慣れてくればスピードはアップするので安心してください。

76

速くても間違えていたら点数になりません。解いていないのと同じ点数（0点）になってしまいます。

電卓計算

問題1　❶❷❸❹ 欄の合計金額を求める

合計残高試算表

借方残高	借方合計		勘定科目	貸方合計		貸方残高
1月31日現在	1月31日現在	1月28日現在		1月28日現在	1月31日現在	1月31日現在
1,710	2,300	2,000	当座預金	500	590	
1,400	2,100	1,400	売掛金	400	700	
	490	400	買掛金	1,000	1,400	910
			資本金	1,000	1,000	1,000
			繰越利益剰余金	600	600	600
	300	300	売上	1,500	2,200	1,900
1,300	1,400	1,000	仕入	100	100	
❶	❷	5,100		5,100	❸	❹

答え

❶　4,410
❷　6,590
❸　6,590
❹　4,410

さぁ、確実に1回で正解を出せましたか？

電卓計算

問題2 各区分の小計を計算し、合計金額を求める
（第67回 財務諸表論 第3問より

貸借対照表

トゥエンティーナイン商事株式会社　　令和〇年3月31日現在　　（単位：千円）

資産の部		負債の部	
科　目	金　額	科　目	金　額
Ⅰ 流動資産	（　❶　）	Ⅰ 流動負債	（　❻　）
現金及び預金	109,850	支払手形	254,980
受取手形	483,775	買掛金	274,400
売掛金	335,225	短期借入金	120,846
商品	311,383	未払金	39,630
貯蔵品	75	未払費用	98,250
仮払金	10,000	未払法人税等	56,630
前払費用	8,690	未払消費税等	15,880
未収収益	90	預り金	5,530
短期貸付金	20,000	リース負債	8,640
繰延税金資産	43,724	賞与引当金	86,000
貸倒引当金	△ 12,780	Ⅱ 固定負債	（　❼　）
Ⅱ 固定資産	（　❷　）	長期借入金	240,000
有形固定資産	（　❸　）	退職給付引当金	98,893
建物	447,718	営業保証金	24,600
器具備品	38,437	リース負債	33,840
土地	603,264	負債合計	（　❽　）
リース資産	42,480	純資産の部	
建設仮勘定	83,500	Ⅰ 株主資本	（ 1,580,962 ）
無形固定資産	30,450	資本金	500,000
ソフトウェア	30,450	資本剰余金	105,500
投資その他の資産	（　❹　）	資本準備金	65,900
投資有価証券	183,875	その他資本剰余金	39,600
関係会社株式	3,000	利益剰余金	1,045,462
差入保証金	72,400	利益準備金	58,600
長期性預金	36,000	その他利益剰余金	986,862
破産更生債権等	1,224	別途積立金	711,000
繰延税金資産	75,925	繰越利益剰余金	275,862
貸倒引当金	△ 1,224	自己株式	△ 70,000
		Ⅱ 評価・換算差額等	△ 12,000
		その他有価証券評価差額金	△ 12,000
		純資産合計	（ 1,568,962 ）
資産合計	（　❺　）	負債及び純資産合計	（　❺　）

❻＋❼

❶＋❷

※ △：マイナス

答え
- ❶ 1,310,032
- ❷ 1,617,049
- ❸ 1,215,399
- ❹ 371,200
- ❺ 2,927,081
- ❻ 960,786
- ❼ 397,333
- ❽ 1,358,119

だんだんと見ないで電卓を打つことに慣れてきましたか。
あわてず、確実さを優先しながら練習していきましょう。

4時限目では、実際に簿記の問題を解きながら、便利な電卓操作に慣れていきましょう。

COLUMN
スマホの電卓だと×、÷が優先される

スマホの電卓は算数の計算と同じ

36頁でお話ししたとおり、電卓の場合、前から順番に計算されるので、×　÷ が優先されません。

例①　600 + 100 × 3

算数の答えは「900」ですが、電卓では「2,100」になります。算数のとおりに計算したい場合は、100×3を先に電卓に入力してから+600をします。ただし、スマホの電卓は算数の順序で計算されます。電卓とは違い、「100×3」が優先され、答えは「900」と表示されます。
算数のように四則演算するとは、おもしろいですよね。
では次の計算はどうでしょう？

例②　100 × 2 + 200 × 3

この場合も、電卓だと前から順番に計算されるので、答えが「1,200」となりますが、スマホの電卓だと算数のとおりに計算され、答えが「800」になります。

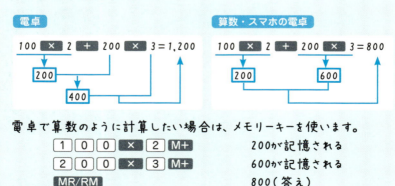

電卓で算数のように計算したい場合は、メモリーキーを使います。

1 0 0 × 2 M+	200が記憶される
2 0 0 × 3 M+	600が記憶される
MR/RM	800（答え）

4時限目

簿記検定合格

電卓を使って問題を解いてみよう！

2時限目で学んだ電卓の機能を使って、実際に簿記の問題を解いていきましょう。
それぞれの問題に「電卓操作」の説明があるので安心！

01 「現金・預金」

① 「現金過不足」による「決算整理仕訳」をマスターする

簿記検定問題❶ 次の資料を参考にして、現金に関する決算整理仕訳を示しなさい。

資料

残 高 試 算 表
令和○○年12月31日

現 金	現金過不足
23,400	2,500

現金過不足勘定について、決算までに次の事実が判明した。残額については、内容が不明のため雑収入として処理すること

❶ 得意先からの売掛金回収の計上漏れ　　　3,000円
❷ 切手購入の計上漏れ　　　　　　　　　　　300円
❸ 交通費の計上漏れ　　　　　　　　　　　　210円

考え方1 現金過不足について、次の修正を行います。

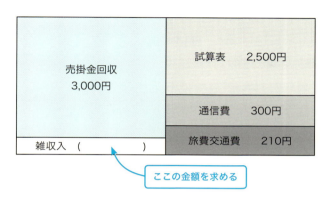

考え方2 ［**現金過不足**］原因が判明するまでの一時的な勘定科目です。いつまでも帳簿に残しておくことはできないので、決算日において原因不明なものは、「**雑損失（費用）**」または「**雑収入（収益）**」として処理します。

電卓操作

2 5 0 0 − 3 0 0 0 + 3 0 0 + 2 1 0 = 10（雑収入）

答え・決算整理仕訳

借方		貸方	
現金過不足	2,500	売掛金	3,000
通信費	300	雑収入	10
旅費交通費	210		

② 「小口現金出納帳」による 「支払時」および「補充時」をマスターする

簿記検定問題❷ 次に示す小口現金出納帳を合計して締め切り、月末の小口現金支払の仕訳、および補充時（当座預金から）の仕訳を示しなさい。

資料

小 口 現 金 出 納 帳

受入	日付		摘要	支払	内訳			
					交通費	会議費	通信費	雑費
10,000	10	1	前月繰越					
		2	切手代	500			500	
		5	駐車場代	1,200	1,200			
		8	飲料代	380		380		
		12	タクシー代	900	900			
		20	バス代	200	200			
		22	新聞代	200				200
		25	打合せ代	1,200		1,200		
		26	ごみ袋代	100				100
		29	郵送料	120			120	
		31	ハガキ代	1,000			1,000	
			計	❶	❷	❸	❹	❺
		31	補充					
		〃	次月繰越	10,000				
10,000	11	2	前月繰越					

考え方2 各科目合計欄（❷～❺）を求め、最後に **GT** キーを使って、支払総額（❶）を求めることができます（☞50頁）。

電卓操作

（交通費）　1 2 0 0 ＋ 9 0 0 ＋ 2 0 0
　　　　　　＝ 2,300（❷）

（会議費）　3 8 0 ＋ 1 2 0 0 ＝ 1,580（❸）

（通信費）　5 0 0 ＋ 1 2 0 ＋ 1 0 0 0
　　　　　　＝ 1,620（❹）

（雑費）　　2 0 0 ＋ 1 0 0 ＝ 300（❺）

（計）　　　GT 5,800（❶）

考え方3　　GT キーを使えば、小口現金の総支払額を直接計算しなくても、各費用の支払額を求めたあとで、合計額で求められます。

答え

小 口 現 金 出 納 帳

受入	日付		摘要	支払	交通費	会議費	通信費	雑費
							内訳	
10,000	10	1	前月繰越					
		2	切手代	500			500	
		5	駐車場代	1,200	1,200			
		8	飲料代	380		380		
		12	タクシー代	900	900			
		20	バス代	200	200			
		22	新聞代	200				200
		25	打合せ代	1,200		1,200		
		26	ごみ袋代	100				100
		29	郵送料	120			120	
		31	ハガキ代	1,000			1,000	
			計	5,800	2,300	1,580	1,620	300
5,800		31	補充					
		〃	次月繰越	10,000				
15,800				15,800				
10,000	11	2	前月繰越					

85

答え・小口現金支払の仕訳

借　方		貸　方	
交通費	2,300	小口現金	5,800
会議費	1,580		
通信費	1,620		
雑費	300		

答え・補充時（当座預金から）の仕訳

借　方		貸　方	
小口現金	5,800	当座預金	5,800

はじめは1つひとつ確認しながらゆっくり解いていきましょう！
何度も解いていくうちに、電卓操作に慣れてきます。

02 「商品売買取引」❶

❶ 「仕入帳」の「記入」と「月末の締め」をマスターする

簿記検定問題❸ 次に示す取引を仕入帳に記入して、月末における締め切りを示しなさい。

取引

今月の取引は次のとおりである。
5月7日　東京商事より次の商品を掛けで仕入れた。
　　　　　[商品A] 200個 (@250円)
　　　　　[商品B] 150個 (@300円)
　　8日　上記商品のうち、[商品A] 15個を返品した。
　20日　大阪物産から次の商品を掛けで仕入れた。
　　　　　[商品C] 100個 (@280円)
　　　　　[商品D] 220個 (@150円)
　21日　上記商品のうち、[商品D] 20個を返品した。

仕　入　帳

日付		摘　　要				内　訳	金　　額
5	7	東京商事	掛け				
		商品A (	個)(@	円)		(❶)	
		商品B (	個)(@	円)		(❷)	(❸)
	8	東京商事	掛け返品				
		商品A (	個)(@	円)		(❽)	(❽)
	20	大阪物産	掛け				
		商品C (	個)(@	円)		(❺)	
		商品D (	個)(@	円)		(❺)	(❺)
	21	大阪物産	掛け返品				
		商品D (	個)(@	円)		(❾)	❾)
	31	当月総仕入高					(❻)
	〃	当月値引返品高					(❿)
	〃	当月純仕入高					(⓫)

※ ( )内の数字は、電卓操作の手順の番号

電卓操作・考え方

（☞ 47、50頁）

手順 ❶ まず、仕入金額を求める

❶ ［商品A］の仕入金額を計算し、**M+** キーを押して、内訳を記入する（ここでは **＝** を押さない）

　 2 0 0 × 2 5 0 M+ (50,000が表示される)
　　　　　　　　　　→「内訳」欄 ❶ に記入

❷ ［商品B］の仕入金額を計算し、**M+** キーを押して、内訳を記入する（ここでも **＝** を押さない）

　 1 5 0 × 3 0 0 M+ (45,000が表示される)
　　　　　　　　　　→「内訳」欄 ❷ に記入

❸ **MR/RM** キーを押し、5月7日の合計額を出す

　 MR/RM (❶と❷の合計95,000が表示される)
　　　　　　　　　　→「金額」欄 ❸ に記入

88

④ [MC/CM] キーを押してメモリーをクリアしたあと、[=] を押す
（あとで [GT] キーで当月総仕入高を出すため）
[MC/CM] [=]

⑤ ［商品C］［商品D］の仕入金額も同様に計算する（①〜④を繰り返す）
[1][0][0] [×] [2][8][0] [M+] ┐ それぞれの商品の仕入金額
[2][2][0] [×] [1][5][0] [M+] ┘ を計算し、「内訳」に記入
[MR/RM] 5月20日の合計額を出し「金額」に記入
[MC/CM] メモリーをクリアする
[=]

⑥ [GT] キーを押すと、5月7日の仕入金額と5月20日の仕入金額の合計額（当月総仕入高）が求まる
[GT]（156,000が表示される）→「金額」欄⑥に記入

手順❷ 次に、返金金額を求める

⑦ [MC/CM] キーを押してゴハサンにする（「当月総仕入高」の「金額」欄⑥をクリア）

⑧ ［商品A］の返金金額を計算し、[M+] キーを押して内訳を記入する
[1][5] [×] [2][5][0] [M+]（3,750が表示される）
→「内訳」欄⑧「金額」欄⑧に記入

⑨ ［商品D］の返金金額を計算し、[M+] キーを押して内訳を記入する
[2][0] [×] [1][5][0] [M+]（3,000が表示される）
→「内訳」欄⑨「金額」欄⑨に記入

⑩ [MR/RM] キーを押し、「当月値引返品高」の合計額を出す
[MR/RM]（6,750が表示される）→「金額」欄⑩に記入

⑪ 「当月総仕入高」−「当月値引返品高」（⑥−⑩）で、当月純仕入高を求める
[1][5][6][0][0][0] [−] [6][7][5][0]
[=]（149,250が表示される）→「金額」欄⑪に記入

答え・仕入帳の記入

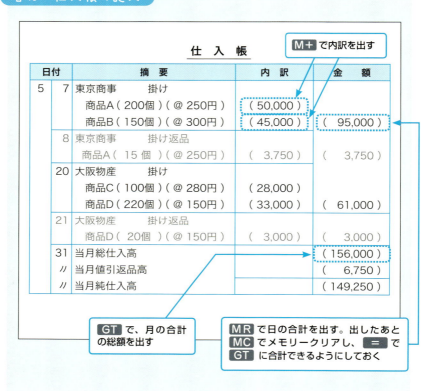

Point

❶ 内訳は、M+ で計算しながら記入していく
❷ MR/RM で1日の合計を計算する
❸ 次の日の合計を計算するため、いったん、MC/CM でメモリーをクリアする
❹ 日々の合計から月の合計を GT で計算するため、= を押しておく
❺ 最後に GT で月の総仕入高、総値引高を計算する

03 「商品売買取引」❷

4時限目 簿記検定合格 電卓を使って問題を解いてみよう！

① 「商品有高帳（移動平均法）」の計算をマスターする

簿記検定問題❹ 次の資料を参考にして、移動平均法により商品有高帳の記入をしなさい。

取引

```
12月1日  前月繰越  200個（@400円）
   10日  仕  入   300個（@450円）┐
   12日  売  上   100個          │
   20日  仕  入   100個（@440円）│
   25日  売  上   350個          ┘
```

> この部分の取引を「商品有高帳」に記入する

商 品 有 高 帳

（単位：円）

日付		摘 要	受 入			払 出			残 高		
			数量	単価	金額	数量	単価	金額	数量	単価	金額
12	1	前月繰越	200	400	80,000				200	400	80,000

91

考え方 ［**移動平均法**］商品の仕入の都度、平均単価を求める方法です。

$$平均単価 = \frac{残高金額 + 仕入金額}{残高数量 + 仕入数量}$$

［**平均単価の求め方**］定数計算の割算機能を使って次のように求めることができます。この操作方法は使用頻度が高いのでマスターしましょう（☞60頁）。

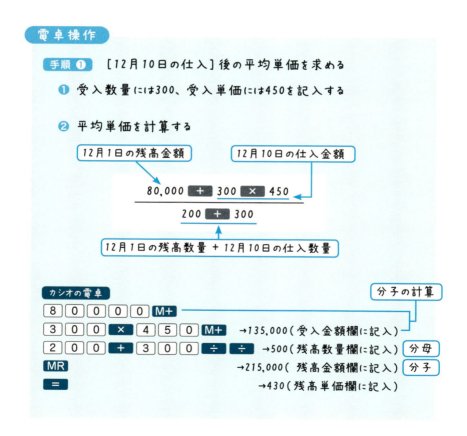

シャープの電卓　　　　　　　　　　　　　　　　　　　　　分子の計算

`8` `0` `0` `0` `0` `M+`

`3` `0` `0` `×` `4` `5` `0` `M+`　→135,000（受入金額欄に記入）

`2` `0` `0` `+` `3` `0` `0` `÷`　　→500（残高数量欄に記入）　分母

`=`

`RM`　　　　　　　　　　　　　　→215,000（残高金額欄に記入）　分子

`=`　　　　　　　　　　　　　　→430（残高単価欄に記入）

手順❷　［12月12日の売上］分の払出と残高の欄を記入する

❶ 払出数量には100を記入する

❷ 払出単価、残高単価には 手順❶ で求めた平均単価430を記入する

❸ 払出金額を求める
　　`1` `0` `0` `×` `4` `3` `0` `=`　　→43,000（払出金額に記入）

❹ 残高の数量、金額を求める
　［数量］`5` `0` `0` `−` `1` `0` `0` `×`　→400（残高数量に記入）
　［金額］`4` `3` `0` `=`　　　　　　→172,000（残高金額に記入）

❺ 電卓内をすべてクリアにする
　カシオの電卓
　　　`AC` `MC`
　シャープの電卓
　　　`CA`

❹ 残高の数量、金額を求める

[数量] ⑤ ⓪ ⓪ ➖ ③ ⑤ ⓪ ✖ →150(残高数量に記入)

[金額] ④ ③ ② ＝ →64,800(残高金額に記入)

答え

商品有高帳

(単位：円)

日付		摘要	受入			払出			残高		
			数量	単価	金額	数量	単価	金額	数量	単価	金額
12	1	前月繰越	200	400	80,000				200	400	80,000
	10	仕 入	300	450	135,000				500	430	215,000
	12	売 上				100	430	43,000	400	430	172,000
	20	仕 入	100	440	44,000				500	432	216,000
	25	売 上				350	432	151,200	150	432	64,800

04 「商品売買取引」❸

① 「売上原価」と「期末商品棚卸高」の計算をマスターする

簿記検定問題❺ 次の資料により、当期における売上原価と期末商品棚卸高を計算しなさい。決算は年1回、12月31日とします。

資料1

残 高 試 算 表
令和○○年12月31日

繰越商品	23,400	売　　上	×××,×××
仕　　入	1,568,000		

売上原価を求める仕訳は、
仕入×××／繰越商品×××（期首商品棚卸高）
繰越商品○○○／仕入○○○（期末商品棚卸高）
になります。

資料2

当社の12月末における商品有高帳は次のとおりである。当社は商品有高帳を先入先出法によって行っている

商品有高帳

(単位：円)

日付		摘要	受入			払出			残高		
			数量	単価	金額	数量	単価	金額	数量	単価	金額
12	12	売　上				140	385	53,900	160	385	61,600
	20	仕　入	100	380	38,000				160	385	61,600
									100	380	38,000
	25	売　上				150					

考え方　　［**先入先出法**］先に仕入れたものを先に販売（払出）したとして、棚卸高を算定する方法です。残高の上の行の単価から使って計算していきます。期末の在庫として残った商品棚卸高は、新しく取得した（残高の下のほうの行）ものとなります。

$$売上原価 = \begin{matrix}期首商品\\棚卸高\end{matrix} + \begin{matrix}当期\\仕入高\end{matrix} - \begin{matrix}期末商品\\棚卸高\end{matrix}$$

売上原価

期首商品棚卸高	売上原価 （当期に払出されたもの）
当期仕入高	
	期末商品棚卸高

電卓操作

まず期末商品棚卸高を計算し、その金額により当期分の売上原価を求める

❶ [12月25日の売上] 払出金額（先入先出法）を計算する

$\boxed{1}\boxed{5}\boxed{0}$ $\boxed{\times}$ $\boxed{3}\boxed{8}\boxed{5}$ →57,750（払出金額欄に記入）

❷ 売上原価を計算する

$\boxed{1}\boxed{0}$※ $\boxed{\times}$ $\boxed{3}\boxed{8}\boxed{5}$ $\boxed{M+}$ ┐
$\boxed{1}\boxed{0}\boxed{0}$ $\boxed{\times}$ $\boxed{3}\boxed{8}\boxed{0}$ $\boxed{M+}$ ┘ ─── 期末商品棚卸高

$\boxed{2}\boxed{3}\boxed{4}\boxed{0}\boxed{0}$ $\boxed{+}$ 　　期首商品棚卸高

$\boxed{1}\boxed{5}\boxed{6}\boxed{8}\boxed{0}\boxed{0}\boxed{0}$ $\boxed{-}$ 　　当期仕入高

$\boxed{MR/RM}$ 　　41,850（期末商品棚卸高）

$\boxed{=}$ 　　1,549,550（売上原価）

※ 160−150＝10

答え

[売上原価] 　　　1,549,550
[期末商品棚卸高] 　41,850

なお、商品有高帳は次のようになる

商品有高帳

（単位：円）

日付		摘要	受入			払出			残高		
			数量	単価	金額	数量	単価	金額	数量	単価	金額
12	12	売上				140	385	53,900	160	385	61,600
	20	仕入	100	380	38,000				160	385	61,600
									100	380	38,000
	25	売上				150	385	57,750	10	385	3,850
									100	380	38,000

期末商品棚卸高

98

05 「商品売買取引」❹

① 「消費税」と「決算整理仕訳」をマスターする

 当社の消費税は税抜経理方式によっている。次の資料を参考にして、未払消費税の金額を計算し、決算整理仕訳を示しなさい。

資料1

残 高 試 算 表
令和〇〇年3月31日　　（単位：円）

売　掛　金	82,000	仮受消費税	163,200
仮払消費税	143,000	売　　　上	2,200,000
仕　　　入	1,568,000		

資料2

Ⓐ 3月20日に得意先より、販売した商品33,000円（税込金額）の返品があり、売掛金を相殺したが未処理であった
Ⓑ 決算において仮受消費税と仮払消費税を相殺して未払消費税を計上する

考え方 ［**売上返品の処理**］売上返品は税込金額で示されているので、この中に含まれている消費税額を計算し、販売のときと逆仕訳をします。

借方		貸方	
売上	30,000	売掛金	33,000
仮受消費税	3,000※		

※ 33,000 × 10/110 ＝ 3,000（消費税10%の場合）

よって、仮受消費税は「163,200円 － 3,000円 ＝ 160,200円」となります。

電卓操作

❶ 未払消費税を求める

$\boxed{3}\boxed{3}\boxed{0}\boxed{0}\boxed{0}\boxed{×}\boxed{1}\boxed{0}\boxed{÷}\boxed{1}\boxed{1}\boxed{0}\boxed{M-}$

返品に含まれる仮受消費税を計算する

$\boxed{1}\boxed{6}\boxed{3}\boxed{2}\boxed{0}\boxed{0}\boxed{-}\boxed{1}\boxed{4}\boxed{3}\boxed{0}\boxed{0}\boxed{0}\boxed{M+}$

仮受消費税から仮払消費税を引く

$\boxed{MR}$　　　　17,200（未払消費税）

答え

決算整理仕訳

借方		貸方	
仮受消費税	160,200	仮払消費税	143,000
		未払消費税	17,200

貸借対照表

令和○○年3月31日　　　（単位：円）

	未払消費税	17,200

06 「商品売買取引」❺

① 「期末商品の評価」「商品棚卸高」を求める

簿記検定問題❼ 次の資料を参考にして、当期末の貸借対照表に計上する商品の金額を示しなさい。なお、商品の数量が不足し、収益性の低下もあります。

資料

残 高 試 算 表
令和○○年3月31日　　（単位：円）

繰越商品	25,000	売　　上		450,000
仕　入	320,000			

期末商品に関する棚卸の状況は次に示すとおりである
Ⓐ 帳簿棚卸高　300個、取得原価　@100円
Ⓑ 実地棚卸高　280個、正味売価　@97円

考え方 期末商品の帳簿棚卸高と実際の実地棚卸高は一致しないことがあります。

その原因として、棚卸減耗損（数量の差）と商品評価損（取得価額と正味売却価額の差）の2つがあります。

次頁のような図を書いて計算するといいでしょう。

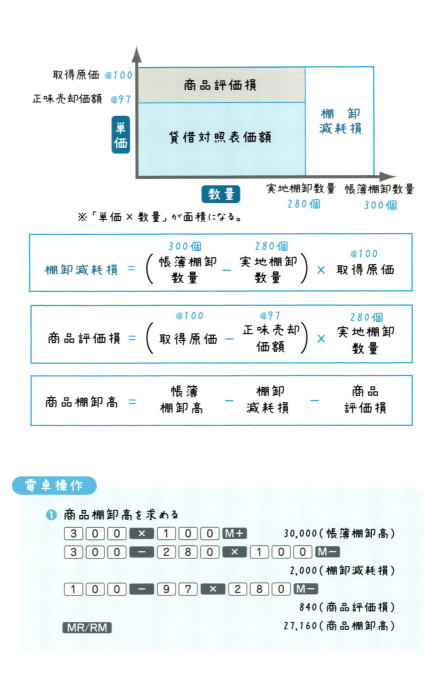

07 「有価証券」

① 「有価証券」の「売買」時の仕訳をマスターする

簿記検定問題❽ 次の資料を参考にして、有価証券の取得時および売却時の処理をそれぞれ示しなさい。

資料

Ⓐ 売買目的で、A社株式100株を1株あたり3,100円で取得し、代金は当座預金から支払った

Ⓑ 上記株式のうち、80株を1株あたり3,200円で売却し、代金は当座預金に振り込まれた

考え方

[売買目的有価証券を売却したとき] その帳簿価額と売却価額との差額を、「有価証券売却損（借方）」または「有価証券売却益（貸方）」に計上します。

電卓操作

売却時

3 2 0 0 × 8 0 M+

256,000（当座預金に入金される額）

3 1 0 0 × 8 0 M−　248,000（有価証券の減少）

MR/RM　　　　　　　　8,000（有価証券売却益）

103

答え・有価証券の取得時、売却時の仕訳

購入時

借 方		貸 方	
有価証券	310,000	当座預金	310,000

売却時

借 方		貸 方	
当座預金	256,000	有価証券	248,000
		有価証券売却益	8,000

② 「有価証券」の「期末評価」をマスターする

簿記検定問題❾ 決算日につき、売買目的で保有するB社株式1,000,000円を時価法により評価します。B社株式の期末の時価は1,030,000円でした。

考え方 差額（1,030,000円 － 1,000,000円 ＝ 30,000円）を「**有価証券評価益**」とします。

答え・売買目的有価証券の仕訳

決算時

借 方		貸 方	
売買目的有価証券	30,000	有価証券評価益	30,000

| 4時限目 | 簿記検定合格 | 電卓を使って問題を解いてみよう！ |

簿記検定問題⑩ 当社の保有する売買目的有価証券は、次の資料のとおりです。これに基づき決算整理仕訳を示しなさい。

資料1

残 高 試 算 表

令和○○年3月31日 （単位：円）

売買目的有価証券	1,500,000

資料2

保有する売買目的有価証券は、次の表のとおりである。期末における時価を評価額とし、帳簿価額との差額は当期における損益として処理する

売買目的有価証券勘定の内訳

銘柄	株式数	帳簿単価	時価単価
X社	150	@2,800円	@2,500円
Y社	120	@3,000円	@3,300円
Z社	180	@4,000円	@4,200円

考え方 X、Y、Z社の帳簿価額の合計額と時価評価額の合計額を比較して、有価証券評価損益を計算します。

「1,527,000円 − 1,500,000円 ＝ 27,000円」を「**有価証券評価益**」とします（次頁図参照）。

帳簿価額

X社：150株×@2,800円＝ 420,000円
Y社：120株×@3,000円＝ 360,000円
Z社：180株×@4,000円＝ 720,000円

1,500,000円

時価評価額

X社：150株×@2,500円＝ 375,000円
Y社：120株×@3,300円＝ 396,000円
Z社：180株×@4,200円＝ 756,000円

1,527,000円

1,527,000円
－
1,500,000円
＝
27,000円

有価証券評価益

電卓操作

（☞50頁）

計算方法❶ 時価の合計額と帳簿価額の合計額を比較して、評価損益を計算するやり方

❶ 時価評価額を計算する

1 5 0 × 2 5 0 0 =
1 2 0 × 3 3 0 0 =
1 8 0 × 4 2 0 0 =

GT M+ 　　　　　　　　1,527,000（時価評価額）

❷ GTを解除する

カシオの電卓

AC ←カシオ（メモリー以外消去）

シャープの電卓

GT GT ←シャープ（GT解除）

❸ 帳簿価額を計算する

1 5 0 × 2 8 0 0 =
1 2 0 × 3 0 0 0 =

| 1 | 8 | 0 | × | 4 | 0 | 0 | 0 | = |

GT M−　　　　　　　　1,500,000（帳簿価額）

❹ 差額を求める

MR/RM　　　　　　　　27,000（有価証券評価益）

計算方法 ❷　それぞれ単価の差額（時価単価 − 帳簿単価）に
株式数を掛けて、評価損益を計算するやり方

2	5	0	0	−	2	8	0	0	×	1	5	0	M+
3	3	0	0	−	3	0	0	0	×	1	2	0	M+
4	2	0	0	−	4	0	0	0	×	1	8	0	M+

MR/RM　　　　　　　　27,000（有価証券評価益）

答え・決算整理仕訳

借　方		貸　方	
売買目的有価証券	27,000	有価証券評価益	27,000

貸 借 対 照 表
令和○○年3月31日　　　　　　　　（単位：円）

売買目的有価証券　　1,527,000	

損 益 計 算 書
令和○○年3月31日　　　　　　　　（単位：円）

	有価証券評価益　　　　27,000

08 「有形固定資産」❶

① 「減価償却費」の計算 定額法

簿記検定問題⓫ 次の資料を参考にして、当期分の減価償却費を計算しなさい。なお、決算は3月31日、残存価額は取得原価の10%とし、円未満の端数は切り捨てるものとします。

資料1

残高試算表

令和○2年3月31日 （単位：円）

建　物	30,000,000

資料2

建物は令和○1年12月15日に取得し、同日から事業用として使用している。減価償却は定額法（耐用年数40年）により行う

考え方 3級の固定資産の減価償却では「**定額法**」が出題されます。[**定額法の減価償却費の計算式**] は、次のとおりです。

$$\text{定額法の減価償却費} = \frac{\text{取得原価} - \text{残存価額}}{\text{耐用年数}} \times \frac{\text{使用月数}^{※}}{12 \text{カ月}}$$

※ 使用月数は1カ月未満切り上げ

残存価額は10％なので、「取得原価－残存価額」＝「取得原価－取得原価×10％」＝「取得原価×90％」となります。

電卓操作

```
3 0 0 0 0 0 0 0 × . 9      （残存価額）
÷ 4 0                      （耐用年数）
× 4                        （使用月数：12月〜3月）
÷ 1 2
＝                         225,000（当期減価償却費）
```

答え

借方		貸方	
減価償却費	225,000	減価償却累計額	225,000

固定資産を購入するときに支払った代金は、支払ったときに費用になるわけではありません。その固定資産の価値の減った分を「減価償却費」として費用にします。主な償却方法に、定額法と定率法があります。

09 「有形固定資産」❷

1 「減価償却費」の計算 定率法❶

簿記検定問題⓬ 次の資料を参考にして、当期分の減価償却費を計算しなさい。なお、決算は3月31日、残存価額は取得原価の10%とし、円未満の端数は切り捨てるものとします。

資料1

残 高 試 算 表

令和○○年3月31日　　　　　（単位：円）

備　　品	200,000	備品減価償却累計額	50,000

資料2

備品は前期の期首に取得価額200,000円で取得し、同日から事業用として使用している。減価償却は定率法（耐用年数8年、償却率25%）で行う

考え方 2級では「**定率法**」も出題されます。［**定率法の減価償却費の計算式**］は次のとおりです。

$$定率法の減価償却費 = \left(取得原価 - 期首減価償却累計額 \right) \times 償却率 \times \frac{使用月数^※}{12ヵ月}$$

※ 使用月数は1ヵ月未満切り上げ

電卓操作

`2 0 0 0 0 0 − 5 0 0 0 0 × . 2 5 =`

37,500（当期減価償却費）

※ 取得の翌年度以降は、月数按分は不要

答え

借方		貸方	
減価償却費	37,500	減価償却累計額	37,500

Point

定額法と定率法の比較

定額法なら毎期均等額の減価償却費が計上され、定率法なら初年度の減価償却費が大きく、徐々に減価償却費が減少します。

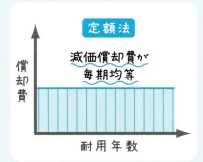

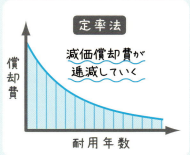

② 「減価償却費」の計算 [定率法②]

[簿記検定問題⑬] 次の資料を参考にして、前期まで直接記帳法で減価償却の処理を行っていた備品について、当期末より間接記帳法の処理に改める場合の、当期末における決算整理仕訳を示しなさい。

資料1

残 高 試 算 表

令和○5年3月31日　　　　（単位：円）

備　　品	84,375	

資料2

Ⓐ 備品は令和○1年4月1日に取得したものであり、当期首までに満3年間の減価償却を行っている。取得原価は各自推算すること

Ⓑ 備品に関する減価償却は、耐用年数8年、残存価額は取得原価の10％として定率法（償却率0.25）により実施していた

Ⓒ 計算に際して生ずる円未満の端数は切り捨てる

考え方

［**定率法で減価償却が行われている固定資産の取得原価**］次の計算式から逆算することができます。

$$取得原価 = 帳簿価額 \div \left(1 - 償却率 \right)^{償却回数}$$

計算式にあてはめると、次のようになります。

$$取得原価 = 84,375 \div (1 - 0.25)^3$$

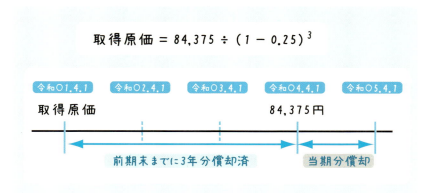

電卓操作

（☞37頁）

カシオの電卓
1 − . 2 5 × × =　←2乗（0.5625が表示される）
M+　←3乗（0.421875が表示され記憶される）

シャープの電卓
1 − . 2 5 × =　←2乗（0.5625が表示される）
=　←3乗（0.421875が表示される）
M+　←（記憶される）

カシオ・シャープ（共通）
8 4 3 7 5 ÷ MR/RM =　200,000（取得原価）

答え

借方		貸方	
備　　品	115,625[※1]	減価償却累計額	115,625
減価償却費	21,093[※2]	減価償却累計額	21,093

※1　200,000 − 84,375　　※2　84,375 × 0.25（円未満切り捨て）

10 「固定資産」の「売却」

① 「固定資産」の「売買」時の仕訳をマスターする

簿記検定問題⑭ 次の資料を参考にして、固定資産を売却した際の仕訳を示しなさい。なお、減価償却方法は定額法です。

資料1

残高試算表
令和○4年3月31日　　　　（単位：円）

| 備　品 | 300,000 | 減価償却累計額 | XXX,XXX |

資料2

備品は令和○1年4月1日に購入したものである。令和○4年3月31日に不要となったため150,000円で売却し、代金は後日受け取ることとなった。取得原価300,000円、減価償却は定額法、耐用年数5年、残存価額は取得原価の10％、間接法で行っている

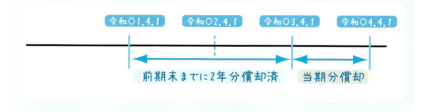

> 考え方

> **1年分の減価償却費**
> 300,000円 × 0.9 ÷ 5年 = 54,000円

> **売却時の帳簿価額**
> 300,000円 − 108,000円※1 − 54,000円※2 = 138,000円
> ※1 当期首減価償却累計額（54,000円 × 2年）
> ※2 当期減価償却費

帳簿価額138,000円を150,000円で売却したので、売却益が12,000円生じます。

> 電卓操作

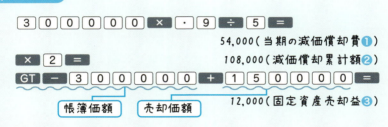

> 答え

借方		貸方	
減価償却累計額	❷108,000	備品	300,000
減価償却費	❶54,000	固定資産売却益	❸12,000
未収入金	150,000		

11 「固定資産」の「下取り買い換え」

① 「固定資産」の「下取り」と「買い替え」時の仕訳をマスターする

簿記検定問題⑮ 次の資料を参考にして、固定資産を買い換えした際の仕訳を示しなさい。

資料1

残 高 試 算 表

令和○○年3月31日 （単位：円）

車両運搬具	1,000,000	減価償却累計額	XXX,XXX

資料2

Ⓐ 車両運搬具は当期首より3年前に購入した営業車である。取得価額1,000,000円、減価償却は定率法、耐用年数10年（償却率20%）、間接法で行っている

Ⓑ 当期首にⒶの旧車両を下取りに出し、新車両1,500,000円を購入した。旧車両の下取り価格は300,000円で、購入価額との差額は翌月末に支払い予定である

考え方 ［固定資産の買い換え］「旧車両の売却」と「新車両の購入」の2つに分けて考えると理解しやすいです。

116

旧車両の売却

期首帳簿価額 $1,000,000 \times (1-0.2)^{3\,※} = 512,000$

期首減価償却累計額 $1,000,000 - 512,000 = 488,000$

※ 償却率が20%なので、帳簿価額は80%となる。ここでは3期分なので、3乗している。

帳簿価額512,000円のものを300,000円で売却したので、売却損が212,000円生じます。

旧車両の売却

借　方		貸　方	
減価償却累計額	488,000	車両運搬具	1,000,000
現金※	300,000		
固定資産売却損	212,000		

※ 下取り価額を現金で受け取ったと考えて仕訳する。

新車両の購入

借　方		貸　方	
車両運搬具	1,500,000	現金	300,000
		未払金	1,200,000

電卓操作

❶（☞37頁）

カシオの電卓

1 − ・ 2 × × = = $(1-0.2)^3$ の計算

× 1 0 0 0 0 0 0 M+

512,000（期首帳簿価額）を記憶させる

シャープの電卓

1 − ・ 2 × = = $(1-0.2)^3$ の計算

× 1 0 0 0 0 0 0 M+

512,000（期首帳簿価額）を記憶させる

❷ カシオ・シャープ（共通）

`- 3 0 0 0 0 0 =`　　212,000（固定資産売却損❶）

`1 0 0 0 0 0 0 - MR/RM =`　　488,000（減価償却累計額3年分❷）

答え

借方		貸方	
減価償却累計額	❷488,000	車両運搬具	1,000,000
固定資産売却損	❶212,000	未払金	1,200,000
車両運搬具	1,500,000		

「買い換え」は、いったん固定資産を下取価格で売却し、その売却代金を新しい固定資産の購入代金に充てたと考えるとわかりやすいのね。

12 「リース取引」

① 「リース取引」をマスターする

簿記検定問題⑯ 次の資料を参考にして、決算整理後残高試算表を作成しなさい。

資料1

<table>
<tr><th colspan="4">残 高 試 算 表</th></tr>
<tr><td colspan="2" align="center">令和○○年3月31日</td><td colspan="2" align="right">（単位：円）</td></tr>
<tr><td>リース資産</td><td align="right">1200,000</td><td>リース債務</td><td align="right">1,200,000</td></tr>
</table>

資料2

Ⓐ 令和××年6月24日に、備品（リース会社の見積購入額1,200,000円）を5年間のファイナンス・リース契約により借り受け、同日より事業の用に供している。契約時に下記の処理を行った。リース料は毎月末に20,200円（利子分：200円）を60カ月間支払う

契約時

借 方		貸 方	
リース資産	1,200,000	リース債務	1,200,000

Ⓑ 当期すでに10回のリース料202,000円の支払いが済んでいるが未処理である。なお、リース契約は利子抜き法により処理する

Ⓒ 決算につき減価償却を定額法、残存価額ゼロ、耐用年数＝リース期間、記帳は間接法で行う

考え方 ［**利子抜き法**］リース料に含まれている利息相当額を控除して、リース会社の見積購入額で処理する方法をいいます。［**利子込み法**］リース料に含まれている利息相当額を控除しないで処理する方法をいいます。

リース料支払時（10回分合計）

借　方		貸　方	
リース債務	200,000	現金預金	202,000
支払利息	2,000		

減価償却費の計上

借　方		貸　方	
減価償却費	200,000※	減価償却累計額	200,000

※ $1,200,000 \div 5年 \times \dfrac{10カ月}{12カ月}$　　6月～3月

電卓操作

200,000（減価償却費）

答え

決算整理後残高試算表

令和〇〇年3月31日　　　　　　（単位：円）

リース資産	1200,000	リース債務	1,000,000
減価償却費	200,000	減価償却累計額	200,000
支払利息	2,000		

13 「外貨建取引」

4時限目
簿記検定合格 電卓を使って問題を解いてみよう！

① 「外貨建債権・債務」をマスターする

簿記検定問題⑰ 次の資料を参考にして、損益計算書に計上される為替差損または為替差益の金額を求めなさい。

資料1

残 高 試 算 表		
令和○○年3月31日		（単位：円）
売掛金	1,500,000	短期借入金 390,000

資料2

Ⓐ 上記売掛金には、米国企業に販売した商品2,500ドルの売上277,500円が含まれており、当日の為替相場1ドル＝＠111円で計上している

Ⓑ 短期借入金は全額ドイツの銀行から借り入れた3,000ユーロで、返済は翌期の12月末である。当日の為替相場1ユーロ＝＠130円で計上している

Ⓒ 決算日の為替相場は、1ドル＝＠109円、1ユーロ＝＠121円である

121

考え方 ［「為替差損」または「為替差益」の金額を求める］ここでは、売掛金と短期借入金とを別々に計算します。

手順❶ 売掛金の換算

借方		貸方	
為替差損	5,000※	売掛金	5,000

※（109 − 111）× 2,500ドル ＝ −5,000（資産の減少は「為替差損」）

手順❷ 短期借入金の換算

借方		貸方	
短期借入金	27,000※	為替差益	27,000

※（121 − 130）× 3,000ユーロ ＝ −27,000（負債の減少は「為替差益」）

電卓操作

1 0 9 − 1 1 1 × 2 5 0 0 M+

−5,000（売掛金の減少）

1 2 1 − 1 3 0 × 3 0 0 0 M−

27,000（短期借入金の減少）

MR/RM

22,000（為替差益）

答え

損 益 計 算 書

令和○○年3月31日 （単位：円）

Ⅰ 売 上 高		XXX,XXX
Ⅳ 営業外収益		
為替差益		22,000

② 「為替予約」時の仕訳をマスターする

簿記検定問題⓲ 次の取引の仕訳を示しなさい。なお、仕訳不要な場合は借方欄に「仕訳不要」と記載すること。

資料1

Ⓐ 令和〇〇年2月1日に商品5,000ドルを掛けで輸入した。当日の為替相場は1ドル＝@110円であり、仕入れ代金の決済日は令和〇〇年4月30日である

Ⓑ 令和〇〇年3月1日に上記買掛金5,000ドルにつき、1ドル＝@104円の為替予約をした。この日の直物為替相場は1ドル＝@106円であった。為替予約については、振当処理により行うが、為替予約による円換算額との差額はすべて当期の損益として処理をする

Ⓒ 決算日における直物為替相場は1ドル＝@102円、先物為替相場は1ドル＝@103円である

Ⓓ 令和〇〇年4月30日に買掛金の支払いを当座預金より行った。同日の直物為替相場は1ドル＝@105円である

❶ 取引発生時 為替予約を行っていないので、直物為替相場を使用する　　　　買掛金5,000ドル × @110円 ＝ 550,000円

❷ 為替予約時 取引発生時の直物為替相場による換算額と、為替予約時の先物為替相場による換算額との差を、為替差損益として把握する（為替予約時の直物為替相場は使用しない）

（104 － 110）× 5,000ドル ＝ －30,000（負債の減少は「為替差益」）

❸ 決算時 為替予約をしているので、決算時には換算替えの処理は行わない

❹ 決済時 為替予約をしているので、為替予約時の先物為替相場を使用して買掛金の決済を行う（決済日の直物為替相場は使用しない）　　　5,000ドル × @104円 ＝ 520,000円

電卓操作

❷ 為替予約時

$$1\;0\;4\;-\;1\;1\;0\;\times\;5\;0\;0\;0\;=$$

$$-30,000(為替差益)$$

答え

❶ 取引発生時

借 方		貸 方	
仕入	550,000	買掛金	550,000

❷ 為替予約時

借 方		貸 方	
買掛金	30,000	為替差益	30,000

※ 買掛金の残高は520,000円になる。

❸ 決算時

借 方		貸 方	
仕訳不要			

❹ 決済時

借 方		貸 方	
買掛金	520,000	当座預金	520,000

※ 買掛金の残高は0円になる。

14 「決算整理」❶

❶ 「貸倒引当金」の「繰入」時の仕訳をマスターする

簿記検定問題⓳ 次の資料を参考にして、期末整理事項に基づいて、精算表を完成させなさい。また、決算整理仕訳も答えなさい。

資料

Ⓐ 仮受金100,000円は売掛金の回収であることが判明した
Ⓑ 売掛金と受取手形の期末残高に対して2%の貸倒引当金を設定する（差額補充法）

精 算 表

(単位：円)

勘定科目	試算表		修正記入		損益計算書		貸借対照表	
	借方	貸方	借方	貸方	借方	貸方	借方	貸方
売掛金	800,000							
受取手形	1,000,000							
仮受金		100,000						
…								
貸倒引当金		21,000						
…								
貸倒引当金繰入								

125

考え方 まず期末の正しい金銭債権を求め、それに繰入率を掛けて当期末の貸倒引当金を求めます。差額補充法では、試算表に計上されている貸倒引当金との差額を繰入れ（または戻入れ）ます。

❶ Ⓐにより、売掛金は100,000円減少し、残高700,000円になります。
❷ Ⓑにより、売掛金の残高（700,000円）と受取手形の残高（1,000,000円）の 2%を貸倒引当金の貸方に記入します。
❸ ❷で求めた貸倒引当金と、試算表の貸倒引当金との差額を「繰入額」または「戻入額」に記入します。

電卓操作

カシオの電卓

`8` `0` `0` `0` `0` `0` `−` `1` `0` `0` `0` `0` `0`

売掛金の残高を求める

`+` `1` `0` `0` `0` `0` `0` `0` `×` `2` `%` `=`
（受取手形）

34,000（当期末の貸倒引当金）

`−` `2` `1` `0` `0` `0` `=`
（試算表の貸倒引当金）

13,000（貸倒引当金繰入）

シャープの電卓

`8` `0` `0` `0` `0` `0` `−` `1` `0` `0` `0` `0` `0`

売掛金の残高を求める

`+` `1` `0` `0` `0` `0` `0` `0` `×` `2` `%`
（受取手形）

34,000（当期末の貸倒引当金）

`−` `2` `1` `0` `0` `0` `=`
（試算表の貸倒引当金）

13,000（貸倒引当金繰入）

答え

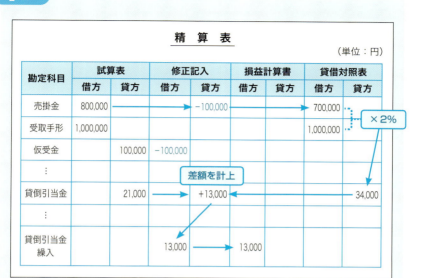

決算整理仕訳

借　方		貸　方	
仮受金	100,000	売掛金	100,000
貸倒引当金繰入	13,000	貸倒引当金	13,000

貸倒引当金は、設定の対象となる債権と繰入率を確認しましょう。

15 「決算整理」❷

① 「前払費用」の仕訳をマスターする

簿記検定問題⑳ 次の資料を参考にして、決算整理事項に基づいて、精算表を完成させなさい。会計期間は1月1日から12月31日までとします。

資料

Ⓐ 残高試算表の地代家賃は、当年10月1日に支払った向こう1年分の家賃である

Ⓑ 決算にあたり、未経過分は繰り延べる

精 算 表

(単位：円)

勘定科目	試算表		修正記入		損益計算書		貸借対照表	
	借方	貸方	借方	貸方	借方	貸方	借方	貸方
地代家賃	1,200,000							
︙								
前払家賃								

考え方 残高試算表の地代家賃1,200,000円のうち、当期（10〜12月）の3カ月分300,000円は損益計算書上に計上し、未経過（翌年1〜9月）の9カ月分900,000円は前払家賃として貸借対照表に計上します。

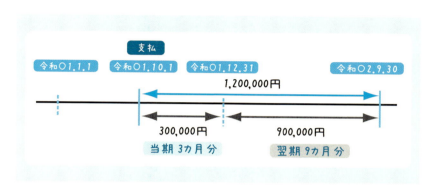

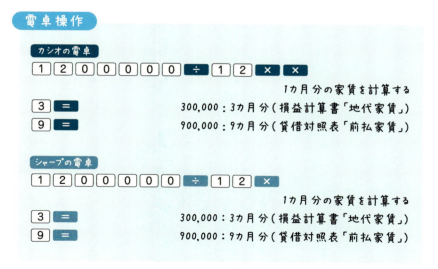

答え

精算表

(単位:円)

勘定科目	試算表 借方	試算表 貸方	修正記入 借方	修正記入 貸方	損益計算書 借方	損益計算書 貸方	貸借対照表 借方	貸借対照表 貸方
地代家賃	1,200,000			−900,000	300,000			
⋮								
前払家賃			900,000				900,000	

決算整理仕訳

借方		貸方	
前払家賃	900,000	地代家賃	900,000

「10〜12月」は2カ月ではなく3カ月です。指折り数えて月按分を間違えないよう気をつけてくださいね。

16 「決算整理」❸

① 「前受収益」の仕訳をマスターする

簿記検定問題㉑　次の資料を参考にして、決算整理事項に基づいて、精算表を完成させなさい。会計期間は1月1日から12月31日までとします。

資料

残高試算表の受取地代は賃貸している不動産にかかるものであり、「毎年」6月1日に向こう1年分（毎年同額）を受け取っている。決算にあたり、未経過分は繰り延べる

精　算　表

（単位：円）

勘定科目	試算表		修正記入		損益計算書		貸借対照表	
	借方	貸方	借方	貸方	借方	貸方	借方	貸方
受取地代		850,000						
⋮								
前受地代								

考え方 このように、決算修正事項の文章に「**毎年**」「**毎年同額**」という指示がある場合には注意が必要です。残高試算表の受取地代は、5月までの5カ月分と、6月1日に受け取った12カ月分をあわせた17カ月分の金額です。

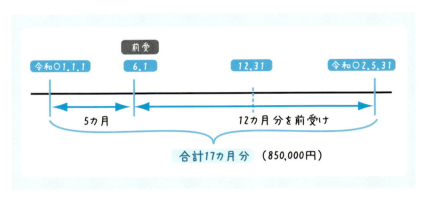

答え

精算表

(単位:円)

勘定科目	試算表 借方	試算表 貸方	修正記入 借方	修正記入 貸方	損益計算書 借方	損益計算書 貸方	貸借対照表 借方	貸借対照表 貸方
受取地代		850,000	−250,000			600,000		
⋮								
前受地代				250,000				250,000

決算整理仕訳

借方		貸方	
受取地代	250,000	前受地代	250,000

6月1日に受け取った1年分のうち、「6〜12月」分が当期分です。
「6〜12月」は6カ月ではなく7カ月です。残りの5カ月分が翌期分(前受)になります。

17 「本支店会計」「内部利益」

① 「内部利益」と「内部利益控除後の原価」の計算をマスターする

簿記検定問題㉒ 次の支店に関する資料を参考にして、内部利益と内部利益控除後の原価を計算しなさい。

資料

Ⓐ 期首商品棚卸高　　　　88,000円
　　　　　　　　　　（すべて本店から仕入れたものである）
Ⓑ 決算期末商品棚卸高　　105,000円
　　　　　　　　　　（本店からの仕入分55,000円が含まれている）
Ⓒ 本店から支店への売上商品には原価の10%の利益が付加されている

考え方　［**本支店会計**］本店から支店への売上商品に一定の利益を付加します。

❶ Ⓐにより、期首商品棚卸高に含まれる内部利益は、次のようになる
88,000円 ÷ 1.1 × 0.1 = 8,000円
よって、期首商品棚卸高の原価は、次のようになる
88,000円 − 8,000円 = 80,000円

❷ Ⓑにより、期末商品棚卸高に含まれる内部利益は、次のように
なる

55,000円 ÷ 1.1 × 0.1 = 5,000円

よって、期末商品棚卸高の原価は、次のようになる

105,000円 − 5,000円 = 100,000円

電卓操作

期首商品棚卸高

[8][8][0][0][0][÷][1][·][1][×][·][1][=]

8,000（内部利益を求める）

[+/−][+][8][8][0][0][0]　−8,000+88,000の計算をする

[=]　80,000（原価）

期末商品棚卸高

[5][5][0][0][0][÷][1][·][1][×][·][1][=]

5,000（内部利益を求める）

[+/−][+][1][0][5][0][0][0]　−5,000+105,000の計算をする

[=]　100,000（原価）

答え

		原　価	内部利益
期首商品棚卸高		80,000円	8,000円
期末商品棚卸高		100,000円	5,000円

内部利益控除後の原価

4時限目

簿記検定合格　電卓を使って問題を解いてみよう！

135

18 「製造間接費」❶

① 材料費会計

簿記検定問題㉓ 次の資料により、「**材料消費価格差異**」を求めなさい。なお、実際消費価格は総平均法で計算し、払出単価は予定消費価格@330円を用いて計算しています。

資料

6月1日	月初材料棚卸高	200kg	@300円
8日	材料仕入	700kg	@310円
16日	材料仕入	500kg	@342円
20日	材料600kgを払い出した。		
28日	材料350kgを払い出した。		

※月末の材料について、消耗などは考慮する必要はない。

考え方 ［**実際消費価格**］「**総平均法**」で計算します。［**払出単価**］「**予定消費価格**」@330円を用いて計算しています。

❶「実際消費価格」を計算するため、「総平均単価」を求める

$$\frac{200kg × 300円 + 700kg × 310円 + 500kg × 342円}{200kg + 700kg + 500kg} = 320円$$

（総平均単価）

❷ 6月の「材料消費高」を計算し、「材料消費価格差異」を求める

実際消費価格

（600㎏ + 350㎏）× 320円 = 304,000円

予定消費価格

（600㎏ + 350㎏）× 330円 = 313,500円

よって、材料消費価格差異は、次のようになる

313,500円 − 304,000円 = 9,500円（貸方差異）

❸ 月末材料棚卸高

（200㎏ + 700g + 500㎏ − 600㎏ − 350㎏）× 320円 = 144,000円
（総平均単価）

材　　料

月初	払出
200㎏ × 300円 = 60,000円	600㎏ × 330円 = 198,000円 （予定消費価格）
仕入	
700㎏ × 310円 = 217,000円	払出
	350㎏ × 330円 = 115,500円 （予定消費価格）
仕入	
500㎏ × 342円 = 171,000円	月末
材料消費価格差異	450㎏ × 320円 = 144,000円 （総平均単価）
9,500円	

137

電卓操作

平均単価は、メモリーキーと GT キーを操作して求められる

200 + 700 + 500 M+
　　　　　　　材料の総計量を記憶させる（分母）

200 × 300 =
700 × 310 = ┐ 材料の送金額を求める（分子）
500 × 342 = ┘
GT
÷ MR/RM =
　　　　　　　320（総平均単価）

答え

材料消費価格差異（貸方）　9,500円

材料消費価格差異が
[借方差異] 予定＜実際
　　　⇒見積もりよりもムダが生じた
　　　⇒企業にとって不利
[貸方差異] 予定＞実際
　　　⇒見積もりよりも節約できた
　　　⇒企業にとって有利
ということになります。

19 「製造間接費」②

① 「直接労務費」「間接労務費」の計算をマスターする

簿記検定問題㉔ 次の資料を参考にして、直接工の6月における直接労務費と間接労務費を計算しなさい。

※ 直接工 直接、製品の生産に従事する工員。

資料

Ⓐ 6月中の作業時間
- ・6月中の直接作業時間
  - ❶ 製造指図書♯1001：2300時間
  - ❷ 製造指図書♯1002：2400時間
- ・6月中の間接作業時間：250時間
- ・6月中の手待時間：50時間

Ⓑ 6月の消費賃金を、予定消費賃率1時間あたり900円で計上する
※ 製造指図書 製品の製造を書面で命令するもので、添付書類で作業仕様も指定する書類。

考え方 労務費は特定の製品に対して、直接、認識・計算されるか否かによって、直接労務費と間接労務費に分類されます。

直接労務費 製造指図書#1001、#1002の直接作業時間分がそれぞれ直接労務費になります。

間接労務費 間接作業時間と手待時間分が間接労務費となります。

直接作業時間	直接的な製品の段取りや加工作業を行っている時間
間接作業時間	共通的・補助的な作業を行っている時間
手待時間	材料待ちや機械故障など、工員の責任以外で作業ができずに待機している時間
計（就業時間）	直接工の実際作業時間の合計

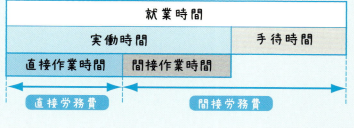

直接労務費となる賃金をしっかり把握しましょう。直接労務費以外の労務費が間接労務費です。

参考

「予定消費賃率」は、将来の一定期間（通常は一会計期間）の実際消費賃率を予想して定めた賃率。実際に支払った賃金との差額を「賃率差異」と呼ぶ

賃金給料

支払総額	直接賃金（直接労務費）
	間接賃金（間接労務費）
	賃率差異

電卓操作

直接労務費は、製造指図書別の労務費を GT キーを用いて簡単に計算できる

9 0 0 × 2 3 0 0 =

2,070,000（#1001の直接労務費）

9 0 0 × 2 4 0 0 =

2,160,000（#1002の直接労務費）

GT   4,230,000

答え

直接労務費　4,230,000円
間接労務費　（250時間 ＋ 50時間）× 900円 ＝ 270,000円

20 「製造間接費」❸

① 「製造間接費」の「配賦」

簿記検定問題㉕ 次の資料を参考にして、指図書別原価計算表の製造間接費を、各製造指図書に配賦しなさい。なお、配賦基準は、各製造指図書別の直接材料費を基準に配賦することとします。

資料

指図書別原価計算表

(単位：千円)

内訳	＃1001	＃1002	＃1003	合計
直接材料費	3,000	1,200	1,800	6,000
直接労務費	5,500	2,680	3,500	11,680
直接経費	360	620	1,780	2,760
製造間接費	( )	( )	( )	3,600
計	( )	( )	( )	24,040

考え方 ［**製造間接費**］特定の製品に対して消費額を直接的に計算できない原価要素なので、このままでは製造別に集計することができません。

次頁の図のように、揚げ物に使う油の金額（製造間接費）を、エビフライ、唐揚げ、コロッケに明確に分けることはほぼ不可能です。

142

しかし製造間接費を何らかの方法で製品別に集計しないと、正しい原価を把握できません。そこで、「**各製品に製造間接費を割り当てる手続きを〝配賦〟といいます**」。

試験では、配賦基準（製造間接費を配布するために用いられる時間や金額等）は問題文に指示があります。本問では、直接材料費を基準とします。

実際配賦率

$$= \frac{1\text{カ月間の製造間接費実際発生額}}{1\text{カ月間の直接材料費}} = \frac{3,600}{3,000+1,200+1,800} = 0.6$$

配賦額	直接労務費		配賦率		製造間接費配賦額
#1001	3,000千円	×	0.6	=	1,800千円
#1002	1,200千円	×	0.6	=	720千円
#1003	1,800千円	×	0.6	=	1,080千円
					3,600千円

電卓操作

M+ キーで配賦率0.6を求め、定数計算（58頁参照）で連続して各指図書に配賦する

カシオの電卓

3000 + 1200 + 1800 M+
3600 ÷ MR　　　　　　　　　　　配賦率0.6が求まる
× ×　　　　　　　　　　　　　　　　定数計算をセット
3000 =　　　　　　　　　　　　　　　　　1,800
1200 =　　　　　　　　　　　　　　　　　720
1800 =　　　　　　　　　　　　　　　　　1,080
GT　　　　　　　　　　　　　　　　　　　3,600

シャープの電卓

3000 + 1200 + 1800 M+
3600 ÷ RM　　　　　　　　　　　配賦率0.6が求まる
×　　　　　　　　　　　　　　　　　　定数計算をセット
3000 =　　　　　　　　　　　　　　　　　1,800
1200 =　　　　　　　　　　　　　　　　　720
1800 =　　　　　　　　　　　　　　　　　1,080
GT　　　　　　　　　　　　　　　　　　　3,600

答え

指図書別原価計算表

（単位：千円）

内訳	＃1001	＃1002	＃1003	合計
直接材料費	3,000	1,200	1,800	6,000
直接労務費	5,500	2,680	3,500	11,680
直接経費	360	620	1,780	2,760
製造間接費	(1,800)	(720)	(1,080)	3,600
計	(10,660)	(5,220)	(8,160)	24,040

21 「部門別集計表」

① 「製造間接費」を各部門に「配賦」する計算をマスターする

簿記検定問題㉖ 次の資料を参考にして、部門別集計表を完成し、さらに製造間接費を各部門に配賦する仕訳を示しなさい。

資料1

実際部門費集計表

(単位:千円)

費目	金額	製造部門 第1製造部門	製造部門 第2製造部門	補助部門 A補助部門	補助部門 B補助部門
部門個別費					
(内訳省略)	9,000	3,900	3,600	1,050	450
部門共通費					
電力料	2,400	( )	( )	( )	( )
雑務工賃金	6,720	( )	( )	( )	( )
計	18,120	( )	( )	( )	( )

資料2

部門共通費	配賦基準	第1製造部門	第2製造部門	A補助部門	B補助部門
電力料	供給量	480 kwh	192 kwh	80 kwh	48 kwh
雑務工賃金	工員数	30人	20人	10人	10人

> **考え方** ［**部門共通費**］どの部門で発生するかが直接認識できない費目（費用の名目）であるため、配賦基準で各部門に配賦します。

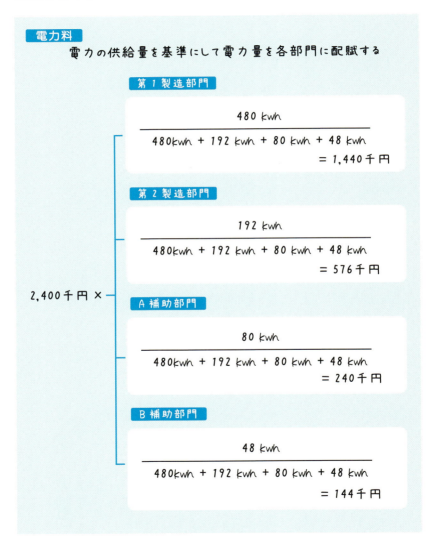

雑務工賃金
工員数を基準にして電力量を各部門に配賦する

6,720千円 ×

第1製造部門
$$\frac{30人}{30人+20人+10人+10人} = 2,880千円$$

第2製造部門
$$\frac{20人}{30人+20人+10人+10人} = 1,920千円$$

A補助部門
$$\frac{10人}{30人+20人+10人+10人} = 960千円$$

B補助部門
$$\frac{10人}{30人+20人+10人+10人} = 960千円$$

「部門個別費」はどの部門で発生するかが直接認識できる費目、「部門共通費」はどの部門で発生するかが直接認識できない費目なのね。

電卓操作

手順 ❶　電力料の配賦（供給量の比）を求める

カシオの電卓

`4` `8` `0` `+` `1` `9` `2` `+` `8` `0` `+` `4` `8` `M+`

800（電力料合計）

`2` `4` `0` `0` `÷` `MR` `×` `×`　　　定数計算をセット

`4` `8` `0` `=`　　　1,440

`1` `9` `2` `=`　　　576

`8` `0` `=`　　　240

`4` `8` `=`　　　144

シャープの電卓

`4` `8` `0` `+` `1` `9` `2` `+` `8` `0` `+` `4` `8` `M+`

800（電力料合計）

`2` `4` `0` `0` `÷` `RM` `×`　　　定数計算をセット

`4` `8` `0` `=`　　　1,440

`1` `9` `2` `=`　　　576

`8` `0` `=`　　　240

`4` `8` `=`　　　144

手順 ❷　雑務工賃金の配賦（工員数の比）を求める

カシオの電卓

`3` `0` `+` `2` `0` `+` `1` `0` `+` `1` `0` `M+`

70（工員数合計）

`6` `7` `2` `0` `÷` `MR` `×` `×`　　　定数計算をセット

`3` `0` `=`　　　2,880

`2` `0` `=`　　　1,920

`1` `0` `=`　　　960

`1` `0` `=`　　　960

シャープの電卓

`3` `0` `+` `2` `0` `+` `1` `0` `+` `1` `0` `M+`

70（工員数合計）

6	7	2	0	÷	RM	×		定数計算をセット
3	0	=						2,880
2	0	=						1,920
1	0	=						960
1	0	=						960

答え

実 際 部 門 費 集 計 表

（単位：千円）

費目	金額	製造部門		補助部門	
		第1 製造部門	第2 製造部門	A補助部門	B補助部門
部門個別費					
（内訳省略）	9,000	3,900	3,600	1,050	450
部門共通費					
電力料	2,400	（ 1,440 ）	（ 576 ）	（ 240 ）	（ 144 ）
雑務工賃金	6,720	（ 2,880 ）	（ 1,920 ）	（ 960 ）	（ 960 ）
計	18,120	（ 8,220 ）	（ 6,096 ）	（ 2,250 ）	（ 1,554 ）

答え

製造間接費を各部門に配賦する仕訳

借 方		貸 方	
第1製造部門費	8,220	製造間接費	18,120
第2製造部門費	6,096		
A補助部門費	2,250		
A補助部門費	1,554		

22 「総合原価計算」

① 「総合原価計算（同じ規格の製品を大量生産するときに適用される原価計算）」をマスターする

簿記検定問題㉗ 次の資料を参考にして、月末仕掛品の評価方法を平均法によった場合の月末仕掛品原価、完成品総合原価および完成品単価原価を計算し、「仕掛品勘定」を完成しなさい。

資料1

生産データ	
月初仕掛品	500個
当月投入	4,500個
合　計	5,000個
月末仕掛品	1,000個
完成品	4,000個

原価データ	
月初仕掛品原価	
直接材料費	88,000円
加工費	119,000円
当月製造費用	
直接材料費	612,000円
加工費	1,411,000円

※ 月初・月末仕掛品の加工進捗度はともに50%である。材料は、すべて工程の始点で投入される。

月末仕掛品原価	
直接材料費	円
加工費	円
合　計	円

完成品総合原価	
直接材料費	円
加工費	円
合　計	円
完成品単価原価	円

仕掛品

前月繰越	製　品
材　料	次月繰越
加工費	

考え方　［**総合原価計算の問題**］必ず図を書いてみましょう。

直接材料費

❶ 平均単価を計算する

$$(88,000 + 612,000) \div 5,000 = 140円$$

❷ 平均単価で月末仕掛品原価を計算する

$$140円 \times 1,000個 = 140,000円$$

❸ 差額により完成品原価を計算する

$$88,000 + 612,000 - 140,000 = 560,000円$$

加工費

❶ 平均単価を計算する

$$(119,000 + 1,411,000) \div 4,500 = 340円$$

❷ 平均単価で月末仕掛品原価を計算する

$$340円 \times 500個 = 170,000円$$

❸ 差額により完成品原価を計算する

$$119,000 + 1,411,000 - 170,000 = 1,360,000円$$

❹ 完成品原価を完成品数で割って完成品単価を計算する

$$\frac{560,000円 + 1,360,000円}{4,000個} = 480円 (= 140円 + 340円)$$

電卓操作

直接材料費

8 8 0 0 0 + 6 1 2 0 0 0 M+ ÷
5 0 0 0 =　　　　　　　　140（平均単価）
× 1 0 0 0 =
　　　　140,000 [月末仕掛品原価（直接材料費）へ記入]
+/− + MR/RM =
　　　　560,000 [月末完成品原価（直接材料費）へ記入]

加工費

1 1 9 0 0 0 + 1 4 1 1 0 0 0 M+ ÷
4 5 0 0 =　　　　　　　　340（平均単価）
× 5 0 0 =　　　170,000 [月末仕掛品原価（加工費）へ記入]
+/− + MR/RM =
　　　　1,360,000 [月末完成品原価（加工費）へ記入]

答え

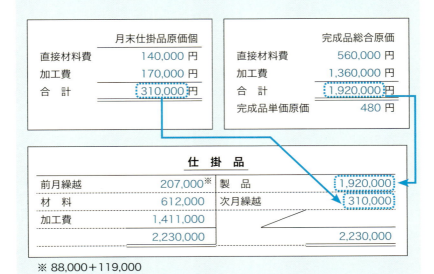

	月末仕掛品原価個
直接材料費	140,000 円
加工費	170,000 円
合　計	310,000 円

	完成品総合原価
直接材料費	560,000 円
加工費	1,360,000 円
合　計	1,920,000 円
完成品単価原価	480 円

仕　掛　品

前月繰越※	207,000	製　品	1,920,000
材　料	612,000	次月繰越	310,000
加工費	1,411,000		
	2,230,000		2,230,000

※ 88,000 + 119,000

23 「標準原価計算」

① 「実際原価」と「標準原価」から 「原価管理」をマスターする

簿記検定問題㉘ 次の資料を参考にして、当月の仕掛品勘定の内訳を完成させなさい。なお、直接材料はすべて工程の始点で投入しています。

資料 1

原価標準

直接材料費	15kg × @400円	=	6,000円
直接労務費	3時間 × @300円	=	900円
製造間接費	4時間 × @400円	=	1,600円
	完成品1個あたり		8,500円

当月生産データ

月初仕掛品	200個
当月投入量	800個
計	1,000個
月末仕掛品	100個
当月完成品	900個

当月実際原価データ

直接材料費	3,500,000円
直接労務費	2,450,000円
製造間接費	1,005,000円

※ 月初・月末仕掛品の加工進捗度はともに50%である。材料は、すべて工程の始点で投入される

154

考え方　［標準原価計算］製品原価の計算を「**実際原価**」（実際に要した原価）ではなく、「**標準原価**」（あらかじめ設定された原価）によって計算する方法をいいます。実際原価と標準原価を比較することで、原価管理に役立てることができます。

完成品原価

直接材料費	900個 × @6,000円	=	5,400,000円
直接労務費	900個 × @900円	=	810,000円
製造間接費	900個 × @1,600円	=	1,440,000円
			7,650,000円

月初仕掛品原価

直接材料費	200個 × @6,000円	=	1,200,000円
直接労務費	(200×50%)個 × @900円	=	90,000円
製造間接費	(200×50%)個 × @1,600円	=	160,000円
			1,450,000円

月末仕掛品原価

直接材料費	100個 × @6,000円	=	600,000円
直接労務費	(100×50%)個 × @900円	=	45,000円
製造間接費	(100×50%)個 × @1,600円	=	80,000円
			725,000円

電卓操作

完成品原価、月初仕掛品原価など **GT** キーを用いて、その評価額を計算することができる

完成品原価

カシオの電卓

9 0 0 × × 6 0 0 0 =	5,400,000
9 0 0 =	810,000
1 6 0 0 =	1,440,000
GT	7,650,000

シャープの電卓

9 0 0 × 6 0 0 0 =	5,400,000
9 0 0 =	810,000
1 6 0 0 =	1,440,000
GT	7,650,000

月初仕掛品原価

2 0 0 × 6 0 0 0 =	1,200,000
2 0 0 × ・ 5 × 9 0 0 =	90,000
2 0 0 × ・ 5 × 1 6 0 0 =	160,000
GT	1,450,000

※ 月末仕掛品原価も、同様の手順で計算する。

答え

仕掛品の内訳

仕 掛 品

月初仕掛品原価	1,450,000	完成品原価	7,650,000
直接材料費	3,500,000	月末仕掛品原価	725,000
直接労務費	2,450,000	原価差異※	30,000
製造間接費	1,005,000		
	8,405,000		8,405,000

※ 原価差異は、貸借の差額により求める。

あとがき

　電卓機能についてひととおり学びました。いかがでしたか？

　本書を読む前に比べて、かなり電卓の操作力がアップしているのではないでしょうか。「電卓ひとつでこんな計算ができるんだ！」と最初は驚いた機能も、いくつも問題を解くことで、今では自然に身についているかと思います。

　試験に合格するためには、問題文をきちんと読み取り、解答を出すための計算式を、正しく導けないといけません。そしてその計算式を解いて答えを出すところで、電卓の操作力が発揮されます。

　その計算式にはどの機能を使えば、より早くより正確に答えが出せるか。それは1度や2度、問題を解いただけで身につくものではありません。

　本書の4時限目の例題を解いたあと、お手持ちの問題集から類題を選び、本書例題の「電卓操作」を確認しながら、その機能をマスターするまで何度も繰り返してください。

　慣れるまでは自己流で電卓を操作したほうが、かえって早いかもしれません。それでもキーをタッチする指を決め、ブラインドタッチができるようになり、各問題に適した機能を的確に使用することができるようになれば、必ず、自己流より早く正確に計算式を解くことができるようになります。

　ぜひ本書で学んだことを、今後、問題を解く際や仕事の場で、どんどん活用してください。

　あなたの電卓生活がより良いものになりますように！

脇　田　弥　輝

ソーテック社の好評書籍

世界一やさしい 決算書の教科書 1年生

小宮一慶 著

決算書が読めるようになると
世界が見えてくる！

● A5判　● 定価（本体価格1,380円＋税）　● ISBN978-4-8007-2047-4

決算書をスッキリ分解し、1番やさしいところからトコトン解説しています。ほかの決算書と大きく異なるのは、貸借対照表と損益計算書の順番を入れ替えていること。そして、日頃著者が話している言い方と異なる部分がいくつもあること。これは、初心者目線の説明を心がけたから。安心してついてきてください！

http://www.sotechsha.co.jp/

ソーテック社の好評書籍

世界一やさしい 簿記の教科書 1年生

村田栄樹 著

初心者はもちろん、再学習者にも最適な簿記の教科書の決定版！

- A5判
- 定価（本体価格1,380円＋税）
- ISBN978-4-8007-2053-5

「左右に分けるルール」をわかりやすく解説しているから簿記のしくみが理解できます。簿記入門本はたくさんありますが、本当に検定や実践で役立てるためにはもう1冊必要になります。その2冊を一つにまとめた衝撃の本です！
「簿記って何？」の初心者から簿記3級、経理業務に役立つ究極の1冊！

http://www.sotechsha.co.jp/

世界一やさしい　電卓の教科書　1年生

2019年12月31日　初版第 1 刷発行

著　者　　脇田弥輝
発行人　　柳澤淳一
編集人　　久保田賢二
発行所　　株式会社　ソーテック社
　　　　　〒102-0072 東京都千代田区飯田橋4-9-5　スギタビル4F
　　　　　電話：注文専用　03-3262-5320
　　　　　FAX：　　　　　03-3262-5326
印刷所　　図書印刷株式会社

本書の全部または一部を、株式会社ソーテック社および著者の承諾を得ずに無断で
複写（コピー）することは、著作権法上での例外を除き禁じられています。
製本には十分注意をしておりますが、万一、乱丁・落丁などの不良品がございまし
たら「販売部」宛にお送りください。送料は小社負担にてお取り替えいたします。

©MIKI WAKITA 2019, Printed in Japan
ISBN978-4-8007-2076-4